VPN-Server Komplett-Anleitung: Erstellen Sie Ihr eigenes VPN in der Cloud

ISBN 979-8991776219

Inhaltsverzeichnis

1 Einleitung

1.1 Warum Sie Ihr eigenes VPN erstellen sollten

Im heutigen digitalen Zeitalter sind Online-Datenschutz und -Sicherheit immer wichtiger geworden. Hacker und andere böswillige Akteure suchen ständig nach Möglichkeiten, persönliche Informationen und vertrauliche Daten zu stehlen. Daher ist es unerlässlich, die notwendigen Maßnahmen zum Schutz unserer Online-Aktivitäten zu ergreifen.

Eine Möglichkeit, den Online-Datenschutz und die Online-Sicherheit zu verbessern, besteht darin, ein eigenes virtuelles privates Netzwerk (VPN) zu erstellen, das eine Reihe von Vorteilen bieten kann:

1. Mehr Datenschutz: Indem Sie Ihr eigenes VPN erstellen, können Sie sicherstellen, dass Ihr Internetverkehr verschlüsselt und vor neugierigen Blicken wie Ihrem Internetdienstanbieter verborgen ist. Die Verwendung eines VPN ist besonders nützlich in ungesicherten WLAN-Netzwerken, etwa in Cafés, Flughäfen oder Hotels. Es kann dazu beitragen, Ihre Online-Aktivitäten und persönlichen Daten vor Verfolgung, Überwachung oder Abfangen zu schützen.

2. Höhere Sicherheit: Öffentliche VPN-Dienste können anfällig für Hacks und Datenlecks sein, wodurch Ihre persönlichen Informationen Cyberkriminellen ausgesetzt werden können. Indem Sie Ihr eigenes VPN erstellen, haben Sie mehr Kontrolle über die Sicherheit Ihrer Verbindung und der darüber übertragenen Daten.

3. Kostengünstig: Obwohl viele öffentliche VPN-Dienste verfügbar sind, ist für die meisten eine Abonnementgebühr erforderlich. Indem Sie Ihr eigenes VPN erstellen, können Sie diese Kosten vermeiden und mehr Kontrolle über Ihre VPN-Nutzung haben.

4. Zugriff auf geografisch eingeschränkte Inhalte: Einige Websites und Onlinedienste sind in bestimmten Regionen möglicherweise eingeschränkt, aber durch die Verbindung mit einem VPN-Server in

einer anderen Region können Sie möglicherweise auf Inhalte zugreifen, die Ihnen sonst nicht zur Verfügung stehen.

5. Flexibilität und Anpassung: Wenn Sie Ihr eigenes VPN erstellen, können Sie Ihr VPN-Erlebnis an Ihre spezifischen Anforderungen anpassen. Sie können die gewünschte Verschlüsselungsstufe, den Standort des Servers und das Netzwerkprotokoll wie TCP oder UDP auswählen. Diese Flexibilität kann Ihnen dabei helfen, Ihr VPN für bestimmte Aktivitäten wie Spiele, Streaming oder Herunterladen zu optimieren und so ein nahtloses und sicheres Erlebnis zu bieten.

Insgesamt kann der Aufbau eines eigenen VPN eine effektive Möglichkeit sein, die Online-Privatsphäre und -Sicherheit zu verbessern und gleichzeitig Flexibilität und Kosteneffizienz zu bieten. Mit den richtigen Ressourcen und der richtigen Anleitung kann es eine wertvolle Investition in Ihre Online-Sicherheit sein.

1.2 Über dieses Buch

Dieses Buch ist eine komplette Anleitung zum Erstellen Ihres eigenen IPsec-VPN-, OpenVPN- und WireGuard-Servers. Die Kapitel 2 bis 10 behandeln die Installation von IPsec-VPN, die Einrichtung und Verwaltung des Clients, die erweiterte Nutzung, die Fehlerbehebung und mehr. Die Kapitel 11 und 12 behandeln IPsec-VPN auf Docker und die erweiterte Nutzung. Die Kapitel 13 bis 15 behandeln die Installation von OpenVPN sowie die Einrichtung und Verwaltung des Clients. Die Kapitel 16 bis 18 behandeln die Installation von WireGuard-VPN sowie die Einrichtung und Verwaltung des Clients.

IPsec-VPN, OpenVPN und WireGuard sind beliebte und weit verbreitete VPN-Protokolle. Internet Protocol Security (IPsec) ist eine sichere Netzwerkprotokollsuite. OpenVPN ist ein Open-Source-, robustes und hochflexibles VPN-Protokoll. WireGuard ist ein schnelles und modernes VPN, das mit den Zielen Benutzerfreundlichkeit und hohe Leistung entwickelt wurde.

1.3 Erste Schritte

1.3.1 Erstellen Sie einen Cloud-Server

Als ersten Schritt benötigen Sie einen Cloud-Server oder einen virtuellen privaten Server (VPS), um Ihr eigenes VPN zu erstellen. Zu Ihrer Information sind hier einige beliebte Serveranbieter:

- DigitalOcean (https://www.digitalocean.com)
- Vultr (https://www.vultr.com)
- Linode (https://www.linode.com)
- OVH (https://www.ovhcloud.com/en/vps/)
- Hetzner (https://www.hetzner.com)
- Amazon EC2 (https://aws.amazon.com/ec2/)
- Google Cloud (https://cloud.google.com)
- Microsoft Azure (https://azure.microsoft.com)

Wählen Sie zunächst einen Serveranbieter. Lesen Sie dann die Tutorial-Links (auf Englisch) oder Beispielschritte für DigitalOcean weiter unten, um loszulegen. Beim Erstellen Ihres Servers wird empfohlen, das neueste Ubuntu Linux LTS oder Debian Linux (zum Zeitpunkt des Schreibens Ubuntu 24.04 oder Debian 12) als Betriebssystem mit 1 GB oder mehr Speicher auszuwählen.

- How to set up a server on DigitalOcean
  https://www.digitalocean.com/community/tutorials/how-to-set-up-an-ubuntu-20-04-server-on-a-digitalocean-droplet
- How to create a server on Vultr
  https://serverpilot.io/docs/how-to-create-a-server-on-vultr/
- Getting started on the Linode platform
  https://www.linode.com/docs/guides/getting-started/
- Getting started with an OVH VPS
  https://docs.ovh.com/us/en/vps/getting-started-vps/
- Create a server on Hetzner
  https://docs.hetzner.com/cloud/servers/getting-started/creating-a-server/
- Get started with Amazon EC2 Linux instances
  https://docs.aws.amazon.com/AWSEC2/latest/UserGuide/index.html

- Create a Linux VM in Google Compute Engine
  https://cloud.google.com/compute/docs/create-linux-vm-instance
- Create a Linux VM in the Azure portal
  https://learn.microsoft.com/en-us/azure/virtual-machines/linux/quick-create-portal

Beispielschritte zum Erstellen eines Servers auf DigitalOcean:

1. Erstellen Sie ein DigitalOcean-Konto: Gehen Sie auf die DigitalOcean-Website (https://www.digitalocean.com) und erstellen Sie ein Konto, falls Sie dies noch nicht getan haben.

2. Sobald Sie beim DigitalOcean-Dashboard angemeldet sind, klicken Sie oben rechts auf dem Bildschirm auf die Schaltfläche „Create" und wählen Sie „Droplets" aus dem Dropdown-Menü.

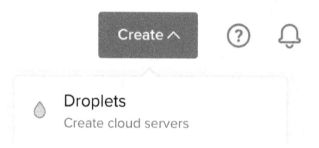

3. Wählen Sie eine Rechenzentrumsregion basierend auf Ihren Anforderungen aus, z. B. die Region, die Ihrem Standort am nächsten ist.

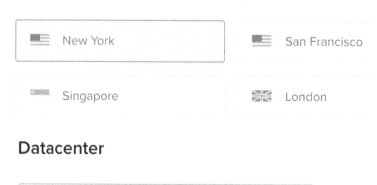

4. Wählen Sie unter „Choose an image" die neueste Ubuntu Linux LTS-Version (z. B. Ubuntu 24.04) aus der Liste der verfügbaren Bilder aus.

5. Wählen Sie einen Plan für Ihren Server. Sie können je nach Ihren Anforderungen aus verschiedenen Optionen auswählen. Für ein persönliches VPN reicht wahrscheinlich ein einfacher Shared-CPU-Plan mit normaler SSD-Festplatte und 1 GB Arbeitsspeicher aus.

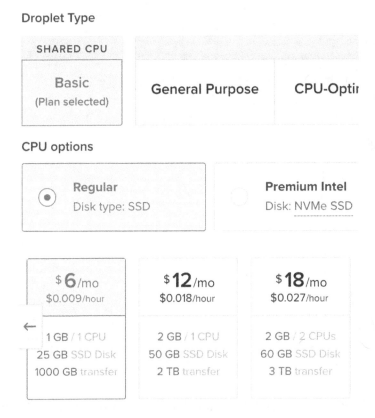

6. Wählen Sie „Password" als Authentifizierungsmethode und geben Sie dann ein starkes und sicheres Root-Passwort ein. Für die Sicherheit Ihres Servers ist es wichtig, dass Sie ein starkes und sicheres Root-Passwort wählen. Alternativ können Sie SSH-Schlüssel zur Authentifizierung verwenden.

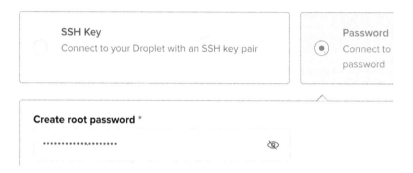

7. Wählen Sie bei Bedarf zusätzliche Optionen wie Backups und IPv6 aus.

8. Geben Sie einen Hostnamen für Ihren Server ein und klicken Sie auf „Create Droplet".

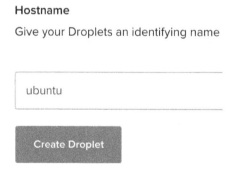

9. Warten Sie einige Minuten, bis der Server erstellt wurde.

Sobald Ihr Server bereit ist, können Sie mit dem Benutzernamen ‚root' und dem Passwort, das Sie beim Erstellen des Servers eingegeben haben, eine Verbindung zum Server herstellen.

1.3.2 Verbinden mit dem Server

Sobald Ihr Server erstellt ist, können Sie über SSH darauf zugreifen. Sie können das Terminal auf Ihrem lokalen Computer oder ein Tool wie Git für Windows verwenden, um über seine IP-Adresse und Ihre Anmeldeinformationen eine Verbindung zu Ihrem Server herzustellen.

Um per SSH von Windows, macOS oder Linux aus eine Verbindung zu Ihrem Server herzustellen, folgen Sie diesen Schritten:

1. Öffnen Sie das Terminal auf Ihrem Computer. Unter Windows können Sie einen Terminalemulator wie Git für Windows verwenden.

   Git für Windows: https://git-scm.com/downloads
   Laden Sie die portable Version herunter und doppelklicken Sie dann, um sie zu installieren. Wenn Sie fertig sind, öffnen Sie den Ordner ‚PortableGit‘ und doppelklicken Sie, um ‚git-bash.exe‘ auszuführen.

2. Geben Sie den folgenden Befehl ein und ersetzen Sie dabei ‚username‘ durch Ihren Benutzernamen (z. B. ‚root‘) und ‚server-ip‘ durch die IP-Adresse oder den Hostnamen Ihres Servers:

   ```
   ssh username@server-ip
   ```

3. Wenn Sie sich zum ersten Mal mit dem Server verbinden, werden Sie möglicherweise aufgefordert, den SSH-Schlüsselfingerabdruck des Servers zu akzeptieren. Geben Sie „yes" ein und drücken Sie die Eingabetaste, um fortzufahren.

4. Wenn Sie sich mit einem Passwort anmelden, werden Sie aufgefordert, Ihr Passwort einzugeben. Geben Sie Ihr Passwort ein und drücken Sie die Eingabetaste.

5. Sobald Sie authentifiziert sind, werden Sie über SSH beim Server angemeldet. Sie können jetzt Befehle auf dem Server über das Terminal ausführen.

6. Um die Verbindung zum Server zu trennen, wenn Sie fertig sind, geben Sie einfach den Befehl ‚exit‘ ein und drücken Sie die Eingabetaste.

Sie sind jetzt bereit, Ihr eigenes VPN zu erstellen!

2 Erstellen Sie Ihren eigenen IPsec-VPN-Server

Sehen Sie sich dieses Projekt im Web an: https://github.com/hwdsl2/setup-ipsec-vpn

Richten Sie in nur wenigen Minuten Ihren eigenen IPsec-VPN-Server mit IPsec/L2TP, Cisco IPsec und IKEv2 ein.

Ein IPsec-VPN verschlüsselt Ihren Netzwerkverkehr, sodass niemand zwischen Ihnen und dem VPN-Server Ihre Daten während der Internetübertragung abfangen kann. Dies ist besonders nützlich bei der Nutzung ungesicherter Netzwerke, z. B. in Cafés, Flughäfen oder Hotelzimmern.

Wir verwenden Libreswan (https://libreswan.org) als IPsec-Server und xl2tpd (https://github.com/xelerance/xl2tpd) als L2TP-Anbieter.

2.1 Merkmale

- Vollständig automatisierte Einrichtung des IPsec-VPN-Servers, keine Benutzereingabe erforderlich
- Unterstützt IKEv2 mit starken und schnellen Chiffren (z. B. AES-GCM)
- Generiert VPN-Profile zur automatischen Konfiguration von iOS-, macOS- und Android-Geräten
- Unterstützt Windows, macOS, iOS, Android, Chrome OS und Linux als VPN-Clients
- Enthält Hilfsskripte zur Verwaltung von VPN-Benutzern und -Zertifikaten

2.2 Schnellstart

Bereiten Sie zunächst Ihren Linux-Server* mit einer Installation von Ubuntu, Debian oder CentOS vor. Verwenden Sie dann diesen One-Liner, um einen IPsec-VPN-Server einzurichten:

```
wget https://get.vpnsetup.net -O vpn.sh && sudo sh vpn.sh
```

* Ein Cloud-Server, ein virtueller privater Server (VPS) oder ein dedizierter Server.

Ihre VPN-Anmeldedaten werden nach dem Zufallsprinzip generiert und nach Abschluss angezeigt.

Für Server mit einer externen Firewall (z. B. Amazon EC2) öffnen Sie die UDP-Ports 500 und 4500 für das VPN.

Beispielausgabe:

```
==================================================

IPsec VPN server is now ready for use!

Connect to your new VPN with these details:

Server IP: 192.0.2.1
IPsec PSK: [Vorinstallierter IPsec-Schlüssel]
Username: vpnuser
Password: [VPN-Passwort]

Write these down. You'll need them to connect!

VPN client setup: https://vpnsetup.net/clients


==================================================

==================================================

IKEv2 setup successful. Details for IKEv2 mode:

VPN server address: 192.0.2.1
VPN client name: vpnclient

Client configuration is available at:
/root/vpnclient.p12 (for Windows & Linux)
/root/vpnclient.sswan (for Android)
/root/vpnclient.mobileconfig (for iOS & macOS)
```

```
Next steps: Configure IKEv2 clients. See:
https://vpnsetup.net/clients
```

```
==================================================
```

Optional: Installieren Sie WireGuard und/oder OpenVPN auf demselben Server. Weitere Einzelheiten finden Sie in den Kapiteln 13 und 16.

Nächste Schritte: Bringen Sie Ihren Computer oder Ihr Gerät dazu, das VPN zu nutzen. Siehe:

3.2 IKEv2-VPN-Clients konfigurieren (empfohlen)
5 IPsec/L2TP VPN-Clients konfigurieren
6 IPsec/XAuth („Cisco IPsec") VPN-Clients konfigurieren

Informationen zu anderen Installationsoptionen finden Sie in den folgenden Abschnitten.

▼ Wenn der Download nicht funktioniert, befolgen Sie die nachstehenden Schritte.

Sie können zum Herunterladen auch „curl" verwenden:

```
curl -fsSL https://get.vpnsetup.net -o vpn.sh && sudo sh vpn.sh
```

Alternative Download-URLs:

```
https://github.com/hwdsl2/setup-ipsec-vpn/raw/master/vpnsetup.sh
https://gitlab.com/hwdsl2/setup-ipsec-vpn/-/raw/master/vpnsetup.sh
```

2.3 Anforderungen

Ein Cloud-Server, virtueller privater Server (VPS) oder dedizierter Server mit einer Installation von:

- Ubuntu Linux LTS
- Debian Linux
- CentOS Stream
- Rocky Linux oder AlmaLinux
- Oracle Linux

- Amazon Linux 2

▼ Andere unterstützte Linux-Distributionen:

- Raspberry Pi OS (Raspbian)
- Kali Linux
- Alpine Linux
- Red Hat Enterprise Linux (RHEL)

Dazu gehören auch Linux-VMs in öffentlichen Clouds wie DigitalOcean, Vultr, Linode, OVH und Microsoft Azure. Öffnen Sie für Server mit einer externen Firewall (z. B. EC2/GCE) die UDP-Ports 500 und 4500 für das VPN.

Schnelle Bereitstellung auf Linode:
https://cloud.linode.com/stackscripts/37239

Ein vorgefertigtes Docker-Image ist ebenfalls verfügbar, weitere Einzelheiten finden Sie in Kapitel 11.

Fortgeschrittene Benutzer können den VPN-Server auf einem Raspberry Pi (https://raspberrypi.com) einrichten. Melden Sie sich zunächst bei Ihrem Raspberry Pi an und öffnen Sie Terminal. Folgen Sie dann den Anweisungen in diesem Kapitel, um IPsec VPN zu installieren. Bevor Sie eine Verbindung herstellen, müssen Sie möglicherweise die UDP-Ports 500 und 4500 Ihres Routers an die lokale IP des Raspberry Pi weiterleiten. Lesen Sie diese Tutorials:
https://stewright.me/2018/07/create-a-raspberry-pi-vpn-server-using-l2tpipsec/
https://elasticbyte.net/posts/setting-up-a-native-cisco-ipsec-vpn-server-using-a-raspberry-pi/

Warnung: Führen Sie diese Skripte NICHT auf Ihrem PC oder Mac aus! Sie sollten nur auf einem Server verwendet werden!

2.4 Installation

Aktualisieren Sie zunächst Ihren Server mit `sudo apt-get update && sudo apt-get dist-upgrade` (Ubuntu/Debian) oder `sudo yum update` und starten Sie ihn neu. Dies ist optional, wird aber empfohlen.

Um das VPN zu installieren, wählen Sie bitte eine der folgenden Optionen:

Option 1: Lassen Sie das Skript zufällige VPN-Anmeldeinformationen für Sie generieren (wird nach Abschluss angezeigt).

```
wget https://get.vpnsetup.net -O vpn.sh && sudo sh vpn.sh
```

Option 2: Bearbeiten Sie das Skript und geben Sie Ihre eigenen VPN-Anmeldeinformationen ein.

```
wget https://get.vpnsetup.net -O vpn.sh
nano -w vpn.sh
# [Ersetzen Sie durch Ihre eigenen Werte: YOUR_IPSEC_PSK,
# YOUR_USERNAME und YOUR_PASSWORD]
sudo sh vpn.sh
```

Hinweis: Ein sicherer IPsec PSK sollte aus mindestens 20 zufälligen Zeichen bestehen.

Option 3: Definieren Sie Ihre VPN-Anmeldeinformationen als Umgebungsvariablen.

```
# Alle Werte MÜSSEN in einfache Anführungszeichen gesetzt werden
# Verwenden Sie diese Sonderzeichen NICHT in Werten: \ " '
wget https://get.vpnsetup.net -O vpn.sh
sudo VPN_IPSEC_PSK='your_ipsec_pre_shared_key' \
VPN_USER='your_vpn_username' \
VPN_PASSWORD='your_vpn_password' \
sh vpn.sh
```

Sie können optional WireGuard und/oder OpenVPN auf demselben Server installieren. Weitere Einzelheiten finden Sie in den Kapiteln 13 und 16. Wenn auf Ihrem Server CentOS Stream, Rocky Linux oder AlmaLinux läuft, installieren Sie zuerst OpenVPN/WireGuard und dann das IPsec-VPN.

▼ Wenn der Download nicht funktioniert, befolgen Sie die nachstehenden Schritte.

Sie können zum Herunterladen auch `curl` verwenden. Beispiel:

```
curl -fL https://get.vpnsetup.net -o vpn.sh && sudo sh vpn.sh
```

Alternative Download-URLs:

```
https://github.com/hwdsl2/setup-ipsec-vpn/raw/master/vpnsetup.sh
https://gitlab.com/hwdsl2/setup-ipsec-vpn/-/raw/master/vpnsetup.sh
```

2.5 Nächste Schritte

Lassen Sie Ihren Computer oder Ihr Gerät das VPN verwenden. Siehe:

3.2 IKEv2-VPN-Clients konfigurieren (empfohlen)
5 IPsec/L2TP VPN-Clients konfigurieren
6 IPsec/XAuth („Cisco IPsec") VPN-Clients konfigurieren

Genießen Sie Ihr ganz persönliches VPN!

2.6 Wichtige Hinweise

Windows-Benutzer: Für den IPsec/L2TP-Modus ist eine einmalige Registrierungsänderung erforderlich, wenn sich der VPN-Server oder -Client hinter NAT befindet (z. B. Heimrouter). Siehe Kapitel 7, IPsec VPN: Fehlerbehebung, Abschnitt 7.3.1.

Das gleiche VPN-Konto kann von mehreren Geräten verwendet werden. Aufgrund einer IPsec/L2TP-Einschränkung müssen Sie jedoch den IKEv2- oder IPsec/XAuth-Modus verwenden, wenn Sie mehrere Geräte hinter demselben NAT (z. B. Heimrouter) verbinden möchten. Informationen zum Anzeigen oder Aktualisieren von VPN-Benutzerkonten finden Sie in Kapitel 9, IPsec VPN: VPN-Benutzer verwalten.

Öffnen Sie bei Servern mit einer externen Firewall (z. B. EC2/GCE) die UDP-Ports 500 und 4500 für das VPN.

Clients sind so eingestellt, dass sie Google Public DNS verwenden, wenn das VPN aktiv ist. Wenn Sie einen anderen DNS-Anbieter bevorzugen, lesen Sie Kapitel 8, IPsec VPN: Erweiterte Nutzung.

Die Verwendung von Kernel-Unterstützung könnte die IPsec/L2TP-Leistung verbessern. Sie ist auf allen unterstützten Betriebssystemen verfügbar. Ubuntu-Benutzer sollten das Paket `linux-modules-extra-$(uname -r)` installieren und `service xl2tpd restart` ausführen.

Die Skripte sichern vorhandene Konfigurationsdateien mit der Endung „.old-date-time", bevor sie Änderungen vornehmen.

2.7 Libreswan aktualisieren

Verwenden Sie diesen Einzeiler, um Libreswan (https://libreswan.org) auf Ihrem VPN-Server zu aktualisieren. Überprüfen Sie die installierte Version: „ipsec --version".

```
wget https://get.vpnsetup.net/upg -O vpnup.sh && sudo sh vpnup.sh
```

Änderungsprotokoll:
https://github.com/libreswan/libreswan/blob/main/CHANGES
Ankündigung: https://lists.libreswan.org

▼ Wenn der Download nicht funktioniert, befolgen Sie die nachstehenden Schritte.

Sie können zum Herunterladen auch „curl" verwenden:

```
curl -fsSL https://get.vpnsetup.net/upg -o vpnup.sh
sudo sh vpnup.sh
```

Alternative Download-URLs:

```
https://github.com/hwdsl2/setup-ipsec-
vpn/raw/master/extras/vpnupgrade.sh
https://gitlab.com/hwdsl2/setup-ipsec-
vpn/-/raw/master/extras/vpnupgrade.sh
```

Hinweis: „xl2tpd" kann mit dem Paketmanager Ihres Systems aktualisiert werden, beispielsweise „apt-get" unter Ubuntu/Debian.

2.8 VPN-Optionen anpassen

2.8.1 Alternative DNS-Server verwenden

Standardmäßig verwenden Clients Google Public DNS, wenn das VPN aktiv ist. Bei der Installation des VPN können Sie optional einen (oder mehrere) benutzerdefinierten DNS-Server für alle VPN-Modi angeben. Beispiel:

```
sudo VPN_DNS_SRV1=1.1.1.1 VPN_DNS_SRV2=1.0.0.1 sh vpn.sh
```

Verwenden Sie „VPN_DNS_SRV1", um den primären DNS-Server anzugeben, und „VPN_DNS_SRV2", um den sekundären DNS-Server anzugeben (optional).

Nachfolgend finden Sie zu Ihrer Information eine Liste einiger beliebter öffentlicher DNS-Anbieter.

Anbieter	Primärer DNS	Sekundärer DNS	Hinweise
Google Public DNS	8.8.8.8	8.8.4.4	Standard
Cloudflare DNS	1.1.1.1	1.0.0.1	Siehe links unten
Quad9	9.9.9.9	149.112.112.112	Blockiert bösartige Domänen
OpenDNS	208.67.222.222	208.67.220.220	Blockiert Phishing-Domains
CleanBrowsing	185.228.168.9	185.228.169.9	Domänenfilter verfügbar
NextDNS	Variiert	Variiert	Werbeblocker
Control D	Variiert	Variiert	Werbeblocker

Weitere Informationen finden Sie auf den folgenden Websites:

Google Public DNS: https://developers.google.com/speed/public-dns
Cloudflare DNS: https://1.1.1.1/dns/
Cloudflare for families: https://1.1.1.1/family/
Quad9: https://www.quad9.net
OpenDNS: https://www.opendns.com/home-internet-security/
CleanBrowsing: https://cleanbrowsing.org/filters/
NextDNS: https://nextdns.io
Control D: https://controld.com/free-dns

Wenn Sie nach der VPN-Einrichtung die DNS-Server ändern müssen, lesen Sie Kapitel 8, IPsec-VPN: Erweiterte Nutzung.

Hinweis: Wenn IKEv2 bereits auf dem Server eingerichtet ist, haben die oben genannten Variablen keinen Effekt auf den IKEv2-Modus. In diesem Fall können Sie, um IKEv2-Optionen wie DNS-Server anzupassen, zuerst IKEv2 entfernen (siehe Abschnitt 3.8) und es dann mit `sudo ikev2.sh` erneut einrichten.

2.8.2 IKEv2-Optionen anpassen

Bei der Installation des VPN können fortgeschrittene Benutzer optional IKEv2-Optionen anpassen.

Option 1: Überspringen Sie IKEv2 während der VPN-Einrichtung und richten Sie IKEv2 dann mit benutzerdefinierten Optionen ein.

Bei der Installation des VPN können Sie IKEv2 überspringen und nur die Modi IPsec/L2TP und IPsec/XAuth („Cisco IPsec") installieren:

```
sudo VPN_SKIP_IKEV2=yes sh vpn.sh
```

(Optional) Wenn Sie benutzerdefinierte DNS-Server für VPN-Clients angeben möchten, definieren Sie „VPN_DNS_SRV1" und optional „VPN_DNS_SRV2". Siehe vorherigen Abschnitt.

Führen Sie anschließend das IKEv2-Hilfsskript aus, um IKEv2 interaktiv mit benutzerdefinierten Optionen einzurichten:

```
sudo ikev2.sh
```

Sie können die folgenden Optionen anpassen: DNS-Name des VPN-Servers, Name und Gültigkeitsdauer des ersten Clients, DNS-Server für VPN-Clients und ob Client-Konfigurationsdateien mit einem Kennwort geschützt werden sollen.

Hinweis: Die Variable `VPN_SKIP_IKEV2` hat keine Wirkung, wenn IKEv2 bereits auf dem Server eingerichtet ist. In diesem Fall können Sie zum Anpassen der IKEv2-Optionen zuerst IKEv2 entfernen (siehe Abschnitt 3.8) und es dann mit `sudo ikev2.sh` erneut einrichten.

Beispielschritte (durch Ihre eigenen Werte ersetzen):

Hinweis: Diese Optionen können sich in neueren Versionen des Skripts ändern. Lesen Sie sie sorgfältig durch, bevor Sie die gewünschte Option auswählen.

```
$ sudo VPN_SKIP_IKEV2=yes sh vpn.sh
... ... (Ausgabe weggelassen)


$ sudo ikev2.sh

Welcome! Use this script to set up IKEv2 on your VPN server.

I need to ask you a few questions before starting setup. You can
use the default options and just press enter if you are OK with
them.
```

Geben Sie den DNS-Namen des VPN-Servers ein:

```
Do you want IKEv2 clients to connect to this server using a DNS
name, e.g. vpn.example.com, instead of its IP address? [y/N] y

Enter the DNS name of this VPN server: vpn.example.com
```

Geben Sie den Namen und die Gültigkeitsdauer des ersten Clients ein:

```
Provide a name for the IKEv2 client.
Use one word only, no special characters except '-' and '_'.
Client name: [vpnclient]
```

```
Specify   the   validity   period   (in   months)   for   this   client
certificate.
Enter an integer between 1 and 120: [120]
```

Geben Sie benutzerdefinierte DNS-Server an:

```
By default, clients are set to use Google Public DNS when the VPN
is active.
Do you want to specify custom DNS servers for IKEv2? [y/N] y


Enter primary DNS server: 1.1.1.1
Enter secondary DNS server (Enter to skip): 1.0.0.1
```

Wählen Sie aus, ob die Client-Konfigurationsdateien mit einem Kennwort geschützt werden sollen:

```
IKEv2 client config files contain the client certificate, private
key and CA certificate. This script can optionally generate a
random password to protect these files.


Protect client config files using a password? [y/N]
```

Überprüfen und bestätigen Sie die Installationsoptionen:

```
We are ready to set up IKEv2 now.
Below are the setup options you selected.


===================================


Server address: vpn.example.com
Client name: vpnclient


Client cert valid for: 120 months
MOBIKE support: Not available
Protect client config: No
DNS server(s): 1.1.1.1 1.0.0.1


===================================
```

```
Do you want to continue? [Y/n]
```

Option 2: Passen Sie IKEv2-Optionen mithilfe von Umgebungsvariablen an.

Bei der Installation des VPN können Sie optional einen DNS-Namen für die IKEv2-Serveradresse angeben. Der DNS-Name muss ein vollqualifizierter Domänenname (FQDN) sein. Beispiel:

```
sudo VPN_DNS_NAME='vpn.example.com' sh vpn.sh
```

Ebenso können Sie einen Namen für den ersten IKEv2-Client angeben. Wenn kein Name angegeben wird, lautet der Standardwert „vpnclient".

```
sudo VPN_CLIENT_NAME='your_client_name' sh vpn.sh
```

Standardmäßig verwenden Clients Google Public DNS, wenn das VPN aktiv ist. Sie können für alle VPN-Modi benutzerdefinierte DNS-Server angeben. Beispiel:

```
sudo VPN_DNS_SRV1=1.1.1.1 VPN_DNS_SRV2=1.0.0.1 sh vpn.sh
```

Beim Importieren der IKEv2-Clientkonfiguration ist standardmäßig kein Kennwort erforderlich. Sie können die Clientkonfigurationsdateien mit einem zufälligen Kennwort schützen.

```
sudo VPN_PROTECT_CONFIG=yes sh vpn.sh
```

▼ Zur Referenz: Liste der IKEv1- und IKEv2-Parameter.

Liste der IKEv1-Parameter mit Standardwerten:

IKEv1-Parameter*	Standardwert	(Umgebungsvariable) anpassen**
Serveradresse (DNS-Name)	-	Nein, aber Sie können sich über einen DNS-Namen verbinden
Serveradresse (öffentliche IP)	Automatische Erkennung	VPN_PUBLIC_IP
IPsec-Pre-Shared-Key	Automatisch generieren	VPN_IPSEC_PSK

19

IKEv1-Parameter*	Standardwert	(Umgebungsvariable) anpassen**
VPN-Benutzername	vpnuser	VPN_USER
VPN-Passwort	Automatisch generieren	VPN_PASSWORD
DNS-Server für Clients	Google Public DNS	VPN_DNS_SRV1, VPN_DNS_SRV2
IKEv2-Setup überspringen	no	VPN_SKIP_IKEV2=yes

* Diese IKEv1-Parameter sind für die Modi IPsec/L2TP und IPsec/XAuth („Cisco IPsec").

** Definieren Sie diese als Umgebungsvariablen, wenn Sie vpn(setup).sh ausführen.

Liste der IKEv2-Parameter mit Standardwerten:

IKEv2-Parameter*	Standardwert
Serveradresse (DNS-Name)	-
Serveradresse (öffentliche IP)	Automatische Erkennung
Name des ersten Clients	vpnclient
DNS-Server für Clients	Google Public DNS
Client-Konfigurationsdateien schützen	no
MOBIKE aktivieren/deaktivieren	Aktivieren, falls unterstützt
Gültigkeit des Client-Zertifikats****	10 Jahre (120 Monate)
Gültigkeit von CA- und Serverzertifikat	10 Jahre (120 Monate)
Name des CA-Zertifikats	IKEv2 VPN CA
Zertifikatsschlüsselgröße	3072 Bit

IKEv2-Parameter*	(Umgebungsvariable) anpassen**	(interaktiv) anpassen***
Serveradresse (DNS-Name)	VPN_DNS_NAME	✔

IKEv2-Parameter*	(Umgebungsvariable) anpassen**	(interaktiv) anpassen***
Serveradresse (öffentliche IP)	VPN_PUBLIC_IP	✔
Name des ersten Clients	VPN_CLIENT_NAME	✔
DNS-Server für Clients	VPN_DNS_SRV1, VPN_DNS_SRV2	✔
Client-Konfigurationsdateien schützen	VPN_PROTECT_CONFIG =yes	✔
MOBIKE aktivieren/deaktivieren	✘	✔
Gültigkeit des Client-Zertifikats****	VPN_CLIENT_VALIDITY	✔
Gültigkeit von CA- und Serverzertifikat	✘	✘
Name des CA-Zertifikats	✘	✘
Zertifikatsschlüsselgröße	✘	✘

* Diese IKEv2-Parameter sind für den IKEv2-Modus.

** Definieren Sie diese als Umgebungsvariablen, wenn Sie vpn(setup).sh ausführen oder wenn Sie IKEv2 im Auto-Modus einrichten (sudo ikev2.sh --auto).

*** Kann während der interaktiven IKEv2-Einrichtung (sudo ikev2.sh) angepasst werden. Siehe Option 1 oben.

**** Verwenden Sie VPN_CLIENT_VALIDITY, um die Gültigkeitsdauer des Client-Zertifikats in Monaten anzugeben. Muss eine Ganzzahl zwischen 1 und 120 sein.

Zusätzlich zu diesen Parametern können fortgeschrittene Benutzer während der VPN-Einrichtung auch VPN-Subnetze anpassen. Siehe Kapitel 8, IPsec VPN: Erweiterte Nutzung, Abschnitt 8.5.

2.9 Das VPN deinstallieren

Um IPsec VPN zu deinstallieren, führen Sie das Hilfsskript aus:

Warnung: Dieses Hilfsskript entfernt IPsec VPN von Ihrem Server. Alle VPN-Konfigurationen werden **dauerhaft gelöscht** und Libreswan und xl2tpd werden entfernt. Dies **kann nicht rückgängig gemacht werden**!

```
wget https://get.vpnsetup.net/unst -O unst.sh && sudo bash unst.sh
```

▼ Wenn der Download nicht funktioniert, befolgen Sie die nachstehenden Schritte.

Sie können zum Herunterladen auch „curl" verwenden:

```
curl -fsSL https://get.vpnsetup.net/unst -o unst.sh
sudo bash unst.sh
```

Alternative Download-URLs:

```
https://github.com/hwdsl2/setup-ipsec-
vpn/raw/master/extras/vpnuninstall.sh
https://gitlab.com/hwdsl2/setup-ipsec-
vpn/-/raw/master/extras/vpnuninstall.sh
```

Weitere Informationen finden Sie in Kapitel 10, IPsec VPN: Das VPN deinstallieren.

3 Anleitung: Einrichten und Verwenden von IKEv2 VPN

3.1 Einführung

Moderne Betriebssysteme unterstützen den IKEv2-Standard. Internet Key Exchange (IKE oder IKEv2) ist das Protokoll, das zum Einrichten einer Security Association (SA) in der IPsec-Protokollsuite verwendet wird. Im Vergleich zu IKE Version 1 enthält IKEv2 Verbesserungen wie Standard Mobility-Unterstützung durch MOBIKE und verbesserte Zuverlässigkeit.

Libreswan kann IKEv2-Clients auf der Grundlage von X.509-Maschinenzertifikaten mit RSA-Signaturen authentifizieren. Diese Methode erfordert weder einen IPsec PSK, Benutzernamen noch ein Passwort. Sie kann mit Windows, macOS, iOS, Android, Chrome OS und Linux verwendet werden.

Standardmäßig wird IKEv2 automatisch eingerichtet, wenn das VPN-Setup-Skript ausgeführt wird. Wenn Sie mehr über das Einrichten von IKEv2 erfahren möchten, lesen Sie Abschnitt 3.6 Einrichten von IKEv2 mithilfe eines Hilfsskripts. Docker-Benutzer finden weitere Informationen in Abschnitt 11.9 Konfigurieren und Verwenden von IKEv2 VPN.

3.2 IKEv2-VPN-Clients konfigurieren

Hinweis: Um IKEv2-Clients hinzuzufügen oder zu exportieren, führen Sie `sudo ikev2.sh` aus. Verwenden Sie –h, um die Nutzung anzuzeigen. Client-Konfigurationsdateien können nach dem Import sicher gelöscht werden.

- Windows 7, 8, 10 und 11+
- macOS
- iOS (iPhone/iPad)
- Android
- Chrome OS (Chromebook)
- Linux

- MikroTik RouterOS

3.2.1 Windows 7, 8, 10 und 11+

3.2.1.1 Konfiguration automatisch importieren

Screencast: IKEv2-Autoimport-Konfiguration unter Windows
Auf YouTube ansehen: https://youtu.be/H8-S35OgoeE

Benutzer von Windows 8, 10 und 11+ können die IKEv2-Konfiguration automatisch importieren:

1. Übertragen Sie die generierte „.p12"-Datei sicher auf Ihren Computer.
2. Laden Sie ikev2_config_import.cmd herunter (https://github.com/hwdsl2/vpn-extras/releases/latest/download/ikev2_config_import.cmd) und speichern Sie dieses Hilfsskript im **gleichen Ordner** wie die „.p12"-Datei.
3. Klicken Sie mit der rechten Maustaste auf das gespeicherte Skript und wählen Sie **Eigenschaften**. Klicken Sie unten auf **Zulassen** und dann auf **OK**.
4. Klicken Sie mit der rechten Maustaste auf das gespeicherte Skript, wählen Sie **Als Administrator ausführen** und folgen Sie den Anweisungen.

So stellen Sie eine Verbindung zum VPN her: Klicken Sie in Ihrer Taskleiste auf das Symbol für WLAN/Netzwerk, wählen Sie den neuen VPN-Eintrag aus und klicken Sie auf **Verbinden**.

Sobald die Verbindung hergestellt ist, können Sie überprüfen, ob Ihr Datenverkehr ordnungsgemäß weitergeleitet wird, indem Sie Ihre IP-Adresse bei Google nachschlagen. Sie sollten „Ihre öffentliche IP-Adresse ist ‚Ihre VPN-Server-IP'" sehen.

Wenn beim Verbindungsversuch eine Fehlermeldung auftritt, lesen Sie Abschnitt 7.2 „IKEv2-Fehlerbehebung".

3.2.1.2 Konfiguration manuell importieren

Screencast: IKEv2-Konfiguration manuell importieren unter Windows 8/10/11
Auf YouTube ansehen: https://youtu.be/-CDnvh58EJM
Screencast: IKEv2-Konfiguration manuell importieren unter Windows 7
Auf YouTube ansehen: https://youtu.be/UsBWmO-CRC0

Alternativ können Benutzer von **Windows 7, 8, 10 und** 11+ die IKEv2-Konfiguration manuell importieren:

1. Übertragen Sie die generierte „.p12"-Datei sicher auf Ihren Computer und importieren Sie sie dann in den Zertifikatsspeicher.

   Um die „.p12"-Datei zu importieren, führen Sie Folgendes in einer Eingabeaufforderung mit erhöhten Rechten aus:

   ```
   # .p12-Datei importieren (durch Ihren eigenen Wert ersetzen)
   certutil -f -importpfx "\path\to\your\file.p12" NoExport
   ```

   Hinweis: Wenn kein Kennwort für die Client-Konfigurationsdateien vorhanden ist, drücken Sie die Eingabetaste, um fortzufahren, oder lassen Sie das Kennwortfeld leer, wenn Sie die „.p12"-Datei manuell importieren.

   Alternativ können Sie die .p12-Datei manuell importieren:
   https://wiki.strongswan.org/projects/strongswan/wiki/Win7Certs/9

   Stellen Sie sicher, dass das Client-Zertifikat unter `Eigene Zertifikate →` `Zertifikate` und das CA-Zertifikat unter `Vertrauenswürdige` `Stammzertifizierungsstellen → Zertifikate` abgelegt ist.

2. Fügen Sie auf dem Windows-Computer eine neue IKEv2-VPN-Verbindung hinzu.

   Für **Windows 8, 10 und** 11+ wird empfohlen, die VPN-Verbindung mit den folgenden Befehlen aus einer Eingabeaufforderung heraus herzustellen, um die Sicherheit und Leistung zu verbessern.

   ```
   # VPN-Verbindung herstellen (Serveradresse durch
   # eigenen Wert ersetzen)
   ```

```
powershell -command ^"Add-VpnConnection ^
  -ServerAddress 'Your VPN Server IP (or DNS name)' ^
  -Name 'My IKEv2 VPN' -TunnelType IKEv2 ^
  -AuthenticationMethod MachineCertificate ^
  -EncryptionLevel Required -PassThru^"
# IPsec-Konfiguration festlegen
powershell -command ^"Set-VpnConnectionIPsecConfiguration ^
  -ConnectionName 'My IKEv2 VPN' ^
  -AuthenticationTransformConstants GCMAES128 ^
  -CipherTransformConstants GCMAES128 ^
  -EncryptionMethod AES256 ^
  -IntegrityCheckMethod SHA256 -PfsGroup None ^
  -DHGroup Group14 -PassThru -Force^"
```

Windows 7 unterstützt diese Befehle nicht, Sie können die VPN-Verbindung manuell erstellen:
https://wiki.strongswan.org/projects/strongswan/wiki/Win7Config/8

Hinweis: Die von Ihnen angegebene Serveradresse muss **genau mit der Serveradresse in der Ausgabe des IKEv2-Hilfsskripts übereinstimmen**. Wenn Sie beispielsweise während der IKEv2-Einrichtung den DNS-Namen des Servers angegeben haben, müssen Sie den DNS-Namen in das Feld **Internetadresse** eingeben.

3. **Dieser Schritt ist erforderlich, wenn Sie die VPN-Verbindung manuell erstellt haben.**

Aktivieren Sie stärkere Verschlüsselungen für IKEv2 mit einer einmaligen Registrierungsänderung. Führen Sie Folgendes von einer Eingabeaufforderung mit erhöhten Rechten aus.

Für Windows 7, 8, 10 und 11+

```
REG ADD HKLM\SYSTEM\CurrentControlSet\Services\RasMan\Parameters ^
 /v NegotiateDH2048_AES256 /t REG_DWORD /d 0x1 /f
```

So stellen Sie eine Verbindung zum VPN her: Klicken Sie auf das WLAN-/Netzwerksymbol in Ihrer Taskleiste, wählen Sie den neuen VPN-Eintrag aus und klicken Sie auf **Verbinden**.

Sobald die Verbindung hergestellt ist, können Sie überprüfen, ob Ihr Datenverkehr richtig weitergeleitet wird, indem Sie Ihre IP-Adresse bei Google nachschlagen. Sie sollten „Ihre öffentliche IP-Adresse ist ‚Ihre VPN-Server-IP'" sehen.

Wenn beim Verbindungsversuch eine Fehlermeldung auftritt, lesen Sie Abschnitt 7.2 „IKEv2-Fehlerbehebung".

▼ Entfernen Sie die IKEv2-VPN-Verbindung.

Mit den folgenden Schritten können Sie die VPN-Verbindung trennen und optional den Rechner in den Zustand vor dem IKEv2-Konfigurationsimport zurückversetzen.

1. Entfernen Sie die hinzugefügte VPN-Verbindung in den Windows-Einstellungen → Netzwerk → VPN. Windows 7-Benutzer können die VPN-Verbindung im Netzwerk- und Freigabecenter → Adaptereinstellungen ändern entfernen.

2. (Optional) Entfernen Sie IKEv2-Zertifikate.

    1. Drücken Sie die Windows-Taste + R und geben Sie mmc ein oder suchen Sie im Startmenü nach mmc. Öffnen Sie die *Microsoft Management Console.*

    2. Öffnen Sie Datei → Snap-In hinzufügen/entfernen. Wählen Sie Zertifikate zum Hinzufügen aus und wählen Sie im sich öffnenden Fenster Computerkonto → Lokalen Computer. Klicken Sie auf Fertig stellen → OK, um die Einstellungen zu speichern.

    3. Gehen Sie zu Eigene Zertifikate → Zertifikate und löschen Sie das IKEv2-Client-Zertifikat. Der Name des Zertifikats entspricht dem von Ihnen angegebenen IKEv2-Client-Namen (Standard: vpnclient). Das Zertifikat wurde von IKEv2 VPN CA ausgestellt.

    4. Gehen Sie zu Vertrauenswürdige Stammzertifizierungsstellen → Zertifikate und löschen Sie das IKEv2 VPN CA-Zertifikat. Das Zertifikat wurde von IKEv2 VPN CA an IKEv2 VPN CA ausgestellt.

Stellen Sie vor dem Löschen sicher, dass in `Eigene Zertifikate` →
`Zertifikate` keine anderen von `IKEv2 VPN CA` ausgestellten
Zertifikate vorhanden sind.

3. (Optional. Für Benutzer, die die VPN-Verbindung manuell erstellt
haben) Stellen Sie die Registrierungseinstellungen wieder her. Beachten
Sie, dass Sie die Registrierung vor dem Bearbeiten sichern sollten.

   1. Drücken Sie Win+R oder suchen Sie im Startmenü nach „regedit".
   Öffnen Sie den *Registrierungs-Editor*.

   2. Gehe zu:
   `HKEY_LOCAL_MACHINE\System\CurrentControlSet\Services\Rasman`
   `\Parameters` und löschen Sie das Element mit dem Namen
   `NegotiateDH2048_AES256`, falls es vorhanden ist.

3.2.2 macOS

Screencast: IKEv2-Importkonfiguration und Verbindung unter macOS
Auf YouTube ansehen: https://youtu.be/E2IZMUtR7kU

Übertragen Sie zunächst die generierte „.mobileconfig'-Datei sicher auf Ihren
Mac, doppelklicken Sie dann und folgen Sie den Anweisungen zum
Importieren als macOS-Profil. Wenn Ihr Mac mit macOS Big Sur oder neuer
läuft, öffnen Sie die Systemeinstellungen und gehen Sie zum Abschnitt
Profile, um den Import abzuschließen. Öffnen Sie für macOS Ventura und
neuer die Systemeinstellungen und suchen Sie nach Profilen. Wenn Sie fertig
sind, überprüfen Sie, ob „IKEv2 VPN" unter Systemeinstellungen → Profile
aufgeführt ist.

So stellen Sie eine Verbindung zum VPN her:

1. Öffnen Sie die Systemeinstellungen und gehen Sie zum Abschnitt
Netzwerk.
2. Wählen Sie die VPN-Verbindung mit ‚Ihre VPN-Server-IP' (oder Ihrem
DNS-Namen).
3. Aktivieren Sie das Kontrollkästchen **VPN-Status in der Menüleiste
anzeigen**. Für macOS Ventura und neuer kann diese Einstellung in den

Systemeinstellungen → Kontrollzentrum → Abschnitt Nur Menüleiste konfiguriert werden.

4. Klicken Sie auf **Verbinden** oder schieben Sie den VPN-Schalter auf EIN.

(Optionale Funktion) Aktivieren Sie **VPN On Demand**, um automatisch eine VPN-Verbindung herzustellen, wenn Ihr Mac mit WLAN verbunden ist. Aktivieren Sie zum Ausführen das Kontrollkästchen **Bei Bedarf verbinden** für die VPN-Verbindung und klicken Sie auf **Übernehmen**. Um diese Einstellung unter macOS Ventura und neuer zu finden, klicken Sie auf das „i"-Symbol rechts neben der VPN-Verbindung.

Sie können VPN On Demand-Regeln anpassen, um bestimmte WLAN-Netzwerke wie Ihr Heimnetzwerk auszuschließen. Weitere Einzelheiten finden Sie in Kapitel 4.

Sobald die Verbindung hergestellt ist, können Sie überprüfen, ob Ihr Datenverkehr richtig weitergeleitet wird, indem Sie Ihre IP-Adresse bei Google nachschlagen. Sie sollten „Ihre öffentliche IP-Adresse ist ‚Ihre VPN-Server-IP'" sehen.

Wenn beim Verbindungsversuch eine Fehlermeldung auftritt, lesen Sie Abschnitt 7.2 „IKEv2-Fehlerbehebung".

▼ Entfernen Sie die IKEv2-VPN-Verbindung.

Um die IKEv2-VPN-Verbindung zu entfernen, öffnen Sie Systemeinstellungen → Profile und entfernen Sie das hinzugefügte IKEv2-VPN-Profil.

3.2.3 iOS

Screencast: IKEv2-Importkonfiguration und Verbindung auf iOS (iPhone & iPad)
Auf YouTube ansehen: https://youtube.com/shorts/Y5HuX7jk_Kc

Übertragen Sie zunächst die generierte Datei „.mobileconfig' sicher auf Ihr iOS-Gerät und importieren Sie sie dann als iOS-Profil. Zum Übertragen der Datei können Sie Folgendes verwenden:

1. AirDrop oder
2. Laden Sie die Datei mithilfe der Dateifreigabe (https://support.apple.com/de-de/119585) auf Ihr Gerät (einen beliebigen App-Ordner) hoch, öffnen Sie dann die App „Dateien" auf Ihrem iOS-Gerät und verschieben Sie die hochgeladene Datei in den Ordner „Auf meinem iPhone". Tippen Sie anschließend auf die Datei und gehen Sie zum Importieren zur App „Einstellungen", oder
3. Hosten Sie die Datei auf einer Ihrer sicheren Websites, laden Sie sie dann herunter und importieren Sie sie in Mobile Safari.

Wenn Sie fertig sind, überprüfen Sie, ob „IKEv2 VPN" unter Einstellungen → Allgemein → VPN und Geräteverwaltung oder Profil(e) aufgeführt ist.

So stellen Sie eine Verbindung zum VPN her:

1. Gehen Sie zu Einstellungen → VPN. Wählen Sie die VPN-Verbindung mit ‚Ihre VPN-Server-IP' (oder DNS-Namen).
2. Schieben Sie den **VPN**-Schalter auf EIN.

(Optionale Funktion) Aktivieren Sie **VPN On Demand**, um automatisch eine VPN-Verbindung herzustellen, wenn Ihr iOS-Gerät mit WLAN verbunden ist. Tippen Sie zum Aktivieren auf das „i"-Symbol rechts neben der VPN-Verbindung und aktivieren Sie **Bei Bedarf verbinden**.

Sie können die Regeln für VPN On Demand anpassen, um bestimmte WLAN-Netzwerke wie Ihr Heimnetzwerk auszuschließen oder die VPN-Verbindung sowohl über WLAN als auch über Mobilfunk zu starten. Weitere Einzelheiten finden Sie in Kapitel 4.

Sobald die Verbindung hergestellt ist, können Sie überprüfen, ob Ihr Datenverkehr richtig weitergeleitet wird, indem Sie Ihre IP-Adresse bei Google nachschlagen. Sie sollten „Ihre öffentliche IP-Adresse ist ‚Ihre VPN-Server-IP'" sehen.

Wenn beim Verbindungsversuch eine Fehlermeldung auftritt, lesen Sie Abschnitt 7.2 „IKEv2-Fehlerbehebung".

▼ Entfernen Sie die IKEv2-VPN-Verbindung.

Um die IKEv2-VPN-Verbindung zu entfernen, öffnen Sie Einstellungen → Allgemein → VPN und Geräteverwaltung oder Profil(e) und entfernen Sie das hinzugefügte IKEv2-VPN-Profil.

3.2.4 Android

3.2.4.1 Verwenden des strongSwan VPN-Clients

Screencast: Verbindung mit Android strongSwan VPN Client herstellen
Auf YouTube ansehen: https://youtu.be/i6j1N_7cI-w

Android-Benutzer können mit dem strongSwan VPN-Client eine Verbindung herstellen (empfohlen).

1. Übertragen Sie die generierte „.sswan'-Datei sicher auf Ihr Android-Gerät.
2. Installieren Sie den strongSwan VPN-Client von **Google Play**.
3. Starten Sie den strongSwan VPN-Client.
4. Tippen Sie oben rechts auf das Menü „Weitere Optionen" und dann auf **VPN-Profil importieren**.
5. Wählen Sie die „.sswan'-Datei, die Sie vom VPN-Server übertragen haben.
   Hinweis: Um die „.sswan'-Datei zu finden, tippen Sie auf die dreizeilige Menüschaltfläche und navigieren Sie dann zu dem Speicherort, an dem Sie die Datei gespeichert haben.
6. Tippen Sie auf dem Bildschirm „VPN-Profil importieren" auf **Zertifikat aus VPN-Profil importieren** und folgen Sie den Anweisungen.
7. Wählen Sie auf dem Bildschirm „Zertifikat auswählen" das neue Client-Zertifikat aus und tippen Sie dann auf **Auswählen**.
8. Tippen Sie auf **Importieren**.
9. Tippen Sie auf das neue VPN-Profil, um eine Verbindung herzustellen.

(Optionale Funktion) Sie können die Funktion „Durchgehend aktives VPN" unter Android aktivieren. Starten Sie die App **Einstellungen**, gehen Sie zu Netzwerk & Internet → VPN, klicken Sie auf das Zahnradsymbol rechts neben „strongSwan VPN-Client" und aktivieren Sie dann die Optionen **Durchgehend aktives VPN** und **Verbindungen ohne VPN blockieren**.

Sobald die Verbindung hergestellt ist, können Sie überprüfen, ob Ihr Datenverkehr richtig weitergeleitet wird, indem Sie Ihre IP-Adresse bei Google nachschlagen. Sie sollten „Ihre öffentliche IP-Adresse ist ‚Ihre VPN-Server-IP'" sehen.

Wenn beim Verbindungsversuch eine Fehlermeldung auftritt, lesen Sie Abschnitt 7.2 „IKEv2-Fehlerbehebung".

Hinweis: Wenn auf Ihrem Gerät Android 6.0 (Marshmallow) oder älter läuft, müssen Sie zur Verbindung mit dem strongSwan VPN-Client die folgende Änderung am VPN-Server vornehmen: Bearbeiten Sie `/etc/ipsec.d/ikev2.conf` auf dem Server. Fügen Sie `authby=rsa-sha1` an das Ende des Abschnitts `conn ikev2-cp` an, eingerückt um zwei Leerzeichen. Speichern Sie die Datei und führen Sie `service ipsec restart` aus.

3.2.4.2 Nativen IKEv2-Client verwenden

Screencast: Verbindung mit nativem VPN-Client auf Android 11+ herstellen
Auf YouTube ansehen: https://youtu.be/Cai6k4GgkEE

Benutzer von Android 11+ können sich auch über den nativen IKEv2-Client verbinden.

1. Übertragen Sie die generierte „.p12"-Datei sicher auf Ihr Android-Gerät.
2. Starten Sie die Anwendung **Einstellungen**.
3. Gehen Sie zu Sicherheit → Verschlüsselung und Anmeldedaten.
4. Tippen Sie auf **Ein Zertifikat installieren**.
5. Tippen Sie auf **VPN- & App-Nutzerzertifikat**.
6. Wählen Sie die .p12-Datei aus, die Sie vom VPN-Server übertragen haben.
   Hinweis: Um die „.p12"-Datei zu finden, tippen Sie auf die Menüschaltfläche mit den drei Strichen und navigieren Sie dann zu dem Speicherort, an dem Sie die Datei gespeichert haben.
7. Geben Sie einen Namen für das Zertifikat ein und tippen Sie dann auf **OK**.
8. Gehen Sie zu Einstellungen → Netzwerk & Internet → VPN und tippen Sie dann auf die Schaltfläche „+".
9. Geben Sie einen Namen für das VPN-Profil ein.

10. Wählen Sie **IKEv2/IPSec RSA** aus dem Dropdown-Menü **Typ**.
11. Geben Sie ,Ihre VPN-Server-IP' (oder Ihren DNS-Namen) als **Serveradresse** ein.
   Hinweis: Dies muss **genau mit der Serveradresse in der Ausgabe des IKEv2-Hilfsskripts übereinstimmen**.
12. Geben Sie für den **IPSec-ID** einen beliebigen Wert ein.
   Hinweis: Dieses Feld sollte nicht erforderlich sein. Es handelt sich um einen Fehler in Android.
13. Wählen Sie aus dem Dropdown-Menü **IPSec-Nutzerzertifikat** das von Ihnen importierte Zertifikat aus.
14. Wählen Sie aus dem Dropdown-Menü **IPSec-CA-Zertifikat** das von Ihnen importierte Zertifikat aus.
15. Wählen Sie **(vom Server erhalten)** aus dem Dropdown-Menü **IPSec-Serverzertifikat**.
16. Tippen Sie auf **Speichern**. Tippen Sie dann auf die neue VPN-Verbindung und anschließend auf **Verbinden**.

Sobald die Verbindung hergestellt ist, können Sie überprüfen, ob Ihr Datenverkehr richtig weitergeleitet wird, indem Sie Ihre IP-Adresse bei Google nachschlagen. Sie sollten „Ihre öffentliche IP-Adresse ist ,Ihre VPN-Server-IP'" sehen.

Wenn beim Verbindungsversuch eine Fehlermeldung auftritt, lesen Sie Abschnitt 7.2 „IKEv2-Fehlerbehebung".

3.2.5 Chrome OS

Exportieren Sie zunächst auf Ihrem VPN-Server das CA-Zertifikat als ,ca.cer':

```
sudo certutil -L -d sql:/etc/ipsec.d \
  -n "IKEv2 VPN CA" -a -o ca.cer
```

Übertragen Sie die generierten „.p12'- und ,ca.cer'-Dateien sicher auf Ihr Chrome OS-Gerät.

Installieren Sie Benutzer- und CA-Zertifikate:

1. Öffnen Sie einen neuen Tab in Google Chrome.

2. Geben Sie in der Adressleiste Folgendes ein:
   chrome://settings/certificates
3. **(Wichtig)** Klicken Sie auf **Importieren und binden**, nicht auf **Importieren**.
4. Wählen Sie in dem sich öffnenden Feld die „.p12'-Datei aus, die Sie vom VPN-Server übertragen haben, und wählen Sie **Öffnen**.
5. Klicken Sie auf **OK**, wenn das Zertifikat kein Kennwort hat. Geben Sie andernfalls das Kennwort des Zertifikats ein.
6. Klicken Sie auf die Registerkarte **Zertifizierungsstellen**. Klicken Sie dann auf **Importieren**.
7. Wählen Sie im sich öffnenden Feld im Dropdown-Menü unten links **Alle Dateien** aus.
8. Wählen Sie die Datei ‚ca.cer' aus, die Sie vom VPN-Server übertragen haben, und klicken Sie **Öffnen**.
9. Behalten Sie die Standardoptionen bei und klicken Sie auf **OK**.

Fügen Sie eine neue VPN-Verbindung hinzu:

1. Gehen Sie zu Einstellungen → Netzwerk.
2. Klicken Sie auf **Verbindung hinzufügen** und dann auf **Integriertes VPN hinzufügen**.
3. Geben Sie für den **Name des Dienstes** einen beliebigen Wert ein.
4. Wählen Sie im Dropdown-Menü **Providertyp IPsec (IKEv2)** aus.
5. Geben Sie ‚Ihre VPN-Server-IP' (oder Ihren DNS-Namen) als **Hostname des Servers** ein.
6. Wählen Sie im Dropdown-Menü **Authentifizierungstyp Nutzerzertifikat** aus.
7. Wählen Sie im Dropdown-Menü **CA-Serverzertifikat IKEv2 VPN CA [IKEv2 VPN CA]** aus.
8. Wählen Sie **IKEv2 VPN CA [Client-Name]** im Dropdown-Menü **Nutzerzertifikat**.
9. Lassen Sie die anderen Felder leer.
10. Aktivieren Sie **Identität und Passwort speichern**.
11. Klicken Sie auf **Verbinden**.

Nach erfolgreicher Verbindung erscheint ein VPN-Symbol über dem Netzwerkstatussymbol. Sie können überprüfen, ob Ihr Datenverkehr ordnungsgemäß weitergeleitet wird, indem Sie Ihre IP-Adresse bei Google nachschlagen. Sie sollten „Ihre öffentliche IP-Adresse ist ‚Ihre VPN-Server-IP'" sehen.

(Optionale Funktion) Sie können die Funktion „Durchgehend aktives VPN" unter Chrome OS aktivieren. Um diese Einstellung zu verwalten, gehen Sie zu Einstellungen → Netzwerk und klicken Sie dann auf **VPN**.

Wenn beim Verbindungsversuch eine Fehlermeldung auftritt, lesen Sie Abschnitt 7.2 „IKEv2-Fehlerbehebung".

3.2.6 Linux

Bevor Sie Linux-VPN-Clients konfigurieren, müssen Sie die folgende Änderung am VPN-Server vornehmen: Bearbeiten Sie `/etc/ipsec.d/ikev2.conf` auf dem Server. Fügen Sie `authby=rsa-sha1` an das Ende des Abschnitts `conn ikev2-cp` an, eingerückt um zwei Leerzeichen. Speichern Sie die Datei und führen Sie `service ipsec restart` aus.

Um Ihren Linux-Computer für die Verbindung mit IKEv2 als VPN-Client zu konfigurieren, installieren Sie zuerst das strongSwan-Plugin für NetworkManager:

```
# Ubuntu und Debian
sudo apt-get update
sudo apt-get install network-manager-strongswan


# Arch Linux
sudo pacman -Syu  # alle Pakete aktualisieren
sudo pacman -S networkmanager-strongswan


# Fedora
sudo yum install NetworkManager-strongswan-gnome


# CentOS
sudo yum install epel-release
sudo yum --enablerepo=epel install NetworkManager-strongswan-gnome
```

Übertragen Sie als Nächstes die generierte .p12-Datei sicher vom VPN-Server auf Ihren Linux-Computer. Extrahieren Sie anschließend das CA-Zertifikat, das Client-Zertifikat und den privaten Schlüssel. Ersetzen Sie vpnclient.p12 im folgenden Beispiel durch den Namen Ihrer .p12-Datei.

```
# Beispiel: Extrahieren Sie CA-Zertifikat, Client-Zertifikat
#           und privaten Schlüssel. Sie können die .p12-Datei
#           löschen, wenn Sie fertig sind.
# Hinweis: Möglicherweise müssen Sie das Importkennwort eingeben,
#          das in der Ausgabe des IKEv2-Hilfsskripts zu finden
#          ist. Wenn die Ausgabe kein Importkennwort enthält,
#          drücken Sie die Eingabetaste, um fortzufahren.
# Hinweis: Wenn Sie OpenSSL 3.x verwenden (führen Sie
#          „openssl version" aus, um dies zu überprüfen),
#          hängen Sie „-legacy" an die 3 folgenden Befehle an.
openssl pkcs12 -in vpnclient.p12 -cacerts -nokeys -out ca.cer
openssl pkcs12 -in vpnclient.p12 -clcerts -nokeys -out client.cer
openssl pkcs12 -in vpnclient.p12 -nocerts -nodes  -out client.key
rm vpnclient.p12


# (Wichtig) Zertifikats- und private Schlüsseldateien schützen
# Hinweis: Dieser Schritt ist optional, wird aber
#          dringend empfohlen.
sudo chown root:root ca.cer client.cer client.key
sudo chmod 600 ca.cer client.cer client.key
```

Anschließend können Sie die VPN-Verbindung einrichten und aktivieren:

1. Gehen Sie zu Einstellungen → Netzwerk → VPN. Klicken Sie auf die Schaltfläche +.
2. Wählen Sie **IPsec/IKEv2 (strongswan)**.
3. Geben Sie im Feld **Name** einen beliebigen Namen ein.
4. Geben Sie im Abschnitt **Gateway (Server)** als **Adresse** „Ihre VPN-Server-IP" (oder Ihren DNS-Namen) ein.
5. Wählen Sie die Datei „ca.cer" für das **Zertifikat** aus.
6. Wählen Sie im Abschnitt **Client** im Dropdown-Menü **Authentifizierung** die Option **Zertifikat (/privater Schlüssel)** aus.

7. Wählen Sie **Zertifikat/privater Schlüssel** im Dropdown-Menü **Zertifikat** (falls vorhanden).

8. Wählen Sie die Datei „client.cer" für das **Zertifikat (Datei)** aus.

9. Wählen Sie die Datei „client.key" für den **privaten Schlüssel** aus.

10. Aktivieren Sie im Abschnitt **Optionen** das Kontrollkästchen **Innere IP-Adresse anfordern**.

11. Aktivieren Sie im Abschnitt **Verschlüsselungsvorschläge (Algorithmen)** das Kontrollkästchen **Benutzerdefinierte Vorschläge aktivieren**.

12. Lassen Sie das Feld **IKE** leer.

13. Geben Sie „aes128gcm16" in das Feld **ESP** ein.

14. Klicken Sie auf **Hinzufügen**, um die VPN-Verbindungsinformationen zu speichern.

15. Schalten Sie den **VPN**-Schalter EIN.

Alternativ können Sie die Verbindung auch über die Befehlszeile herstellen. Unter den folgenden Links finden Sie Beispielschritte:

https://github.com/hwdsl2/setup-ipsec-vpn/issues/1399
https://github.com/hwdsl2/setup-ipsec-vpn/issues/1007

Wenn der Fehler „Quellverbindung konnte nicht gefunden werden" auftritt, bearbeiten Sie „/etc/netplan/01-netcfg.yaml" und ersetzen Sie „renderer: networkd" durch „renderer: NetworkManager". Führen Sie dann „sudo netplan apply" aus. Um eine Verbindung zum VPN herzustellen, führen Sie „sudo nmcli c up VPN" aus. Um die Verbindung zu trennen: „sudo nmcli c down VPN".

Sobald die Verbindung hergestellt ist, können Sie überprüfen, ob Ihr Datenverkehr richtig weitergeleitet wird, indem Sie Ihre IP-Adresse bei Google nachschlagen. Sie sollten „Ihre öffentliche IP-Adresse ist ‚Ihre VPN-Server-IP'" sehen.

Wenn beim Verbindungsversuch eine Fehlermeldung auftritt, lesen Sie Abschnitt 7.2 „IKEv2-Fehlerbehebung".

3.2.7 MikroTik RouterOS

Fortgeschrittene Benutzer können IKEv2 VPN auf MikroTik RouterOS konfigurieren. Weitere Einzelheiten finden Sie im Abschnitt „RouterOS" im IKEv2-Handbuch:

https://github.com/hwdsl2/setup-ipsec-vpn/blob/master/docs/ikev2-howto.md#routeros

3.3 IKEv2-Clients verwalten

Nachdem Sie den VPN-Server eingerichtet haben, können Sie IKEv2-VPN-Clients verwalten, indem Sie den Anweisungen in diesem Abschnitt folgen. Sie können beispielsweise neue IKEv2-Clients auf dem Server für Ihre zusätzlichen Computer und Mobilgeräte hinzufügen, vorhandene Clients auflisten oder die Konfiguration für einen vorhandenen Client exportieren.

Um IKEv2-Clients zu verwalten, stellen Sie zunächst eine Verbindung zu Ihrem Server her über SSH und führen Sie dann Folgendes aus:

```
sudo ikev2.sh
```

Sie sehen die folgenden Optionen:

```
IKEv2 is already set up on this server.

Select an option:
  1) Add a new client
  2) Export config for an existing client
  3) List existing clients
  4) Revoke an existing client
  5) Delete an existing client
  6) Remove IKEv2
  7) Exit
```

Sie können dann die gewünschte Option zur Verwaltung von IKEv2-Clients eingeben.

Hinweis: Diese Optionen können sich in neueren Versionen des Skripts ändern. Lesen Sie sie sorgfältig durch, bevor Sie die gewünschte Option auswählen.

Alternativ können Sie ‚ikev2.sh' mit Befehlszeilenoptionen ausführen. Einzelheiten finden Sie unten.

3.3.1 Neuen Client hinzufügen

So fügen Sie einen neuen IKEv2-Client hinzu:

1. Wählen Sie Option 1 aus dem Menü, indem Sie 1 eingeben und die Eingabetaste drücken.
2. Geben Sie einen Namen für den neuen Client ein.
3. Geben Sie die Gültigkeitsdauer für das neue Client-Zertifikat an.

Alternativ können Sie ‚ikev2.sh' mit der Option ‚--addclient' ausführen. Verwenden Sie die Option ‚-h', um die Nutzung anzuzeigen.

```
sudo ikev2.sh --addclient [Client-Name]
```

Nächste Schritte: IKEv2-VPN-Clients konfigurieren. Weitere Einzelheiten finden Sie in Abschnitt 3.2.

3.3.2 Vorhandenen Client exportieren

So exportieren Sie die IKEv2-Konfiguration für einen vorhandenen Client:

1. Wählen Sie Option 2 aus dem Menü, indem Sie 2 eingeben und die Eingabetaste drücken.
2. Geben Sie aus der Liste der vorhandenen Clients den Namen des Clients ein, den Sie exportieren möchten.

Alternativ können Sie ‚ikev2.sh' mit der Option ‚--exportclient' ausführen.

```
sudo ikev2.sh --exportclient [Client-Name]
```

3.3.3 Vorhandene Clients auflisten

Wählen Sie Option 3 aus dem Menü, indem Sie 3 eingeben und die Eingabetaste drücken. Das Skript zeigt dann eine Liste der vorhandenen IKEv2-Clients an.

Alternativ können Sie ‚ikev2.sh' mit der Option ‚--listclients' ausführen.

```
sudo ikev2.sh --listclients
```

3.3.4 Einen Client widerrufen

Unter bestimmten Umständen müssen Sie möglicherweise ein zuvor generiertes IKEv2-Client-Zertifikat widerrufen.

1. Wählen Sie Option 4 aus dem Menü, indem Sie 4 eingeben und die Eingabetaste drücken.
2. Geben Sie aus der Liste der vorhandenen Clients den Namen des Clients ein, den Sie widerrufen möchten.
3. Bestätigen Sie den Client-Widerruf.

Alternativ können Sie ‚ikev2.sh' mit der Option ‚--revokeclient' ausführen.

```
sudo ikev2.sh --revokeclient [Client-Name]
```

3.3.5 Einen Client löschen

Wichtig: Das Löschen eines Client-Zertifikats aus der IPsec-Datenbank **verhindert** nicht, dass VPN-Clients mit diesem Zertifikat eine Verbindung herstellen! Für diesen Anwendungsfall **müssen** Sie das Client-Zertifikat widerrufen, anstatt es zu löschen.

Warnung: Das Client-Zertifikat und der private Schlüssel werden **dauerhaft gelöscht**. Dies **kann nicht rückgängig gemacht werden**!

So löschen Sie einen vorhandenen IKEv2-Client:

1. Wählen Sie Option 5 aus dem Menü, indem Sie 5 eingeben und die Eingabetaste drücken.

2. Geben Sie aus der Liste der vorhandenen Clients den Namen des Clients ein, den Sie löschen möchten.

3. Bestätigen Sie die Löschung des Clients.

Alternativ können Sie ‚ikev2.sh' mit der Option ‚--deleteclient' ausführen.

```
sudo ikev2.sh --deleteclient [Client-Name]
```

▼ Alternativ können Sie ein Client-Zertifikat manuell löschen.

1. Zertifikate in der IPsec-Datenbank auflisten:

```
certutil -L -d sql:/etc/ipsec.d
```

Beispielausgabe:

```
Certificate Nickname   Trust Attributes
                       SSL,S/MIME,JAR/XPI


IKEv2 VPN CA           CTu,u,u
($PUBLIC_IP)           u,u,u
vpnclient              u,u,u
```

2. Löschen Sie das Client-Zertifikat und den privaten Schlüssel. Ersetzen Sie unten „Spitzname" durch den Spitznamen des Client-Zertifikats, das Sie löschen möchten, z. B. „vpnclient".

```
certutil -F -d sql:/etc/ipsec.d -n "Nickname"
certutil -D -d sql:/etc/ipsec.d -n "Nickname" 2>/dev/null
```

3. (Optional) Löschen Sie die zuvor generierten Client-Konfigurationsdateien (Dateien .p12, .mobileconfig und .sswan) für diesen VPN-Client, falls vorhanden.

3.4 IKEv2-Serveradresse ändern

Unter bestimmten Umständen müssen Sie die IKEv2-Serveradresse nach der Einrichtung ändern. Zum Beispiel, um auf die Verwendung eines DNS-Namens umzustellen oder nach Änderungen der Server-IP. Beachten Sie, dass die Serveradresse, die Sie auf VPN-Clientgeräten angeben, **genau mit**

der Serveradresse in der Ausgabe des IKEv2-Hilfsskripts übereinstimmen muss. Andernfalls können Geräte möglicherweise keine Verbindung herstellen.

Um die Serveradresse zu ändern, führen Sie das Hilfsskript aus und folgen Sie den Anweisungen.

```
wget https://get.vpnsetup.net/ikev2addr -O ikev2addr.sh
sudo bash ikev2addr.sh
```

Wichtig: Nach dem Ausführen dieses Skripts müssen Sie die Serveradresse (und ggf. die Remote-ID) auf allen vorhandenen IKEv2-Clientgeräten manuell aktualisieren. Für iOS-Clients müssen Sie „sudo ikev2.sh" ausführen, um die aktualisierte Client-Konfigurationsdatei zu exportieren und auf das iOS-Gerät zu importieren.

3.5 IKEv2-Hilfsskript aktualisieren

Das IKEv2-Hilfsskript wird von Zeit zu Zeit aktualisiert, um Fehler zu beheben und Verbesserungen vorzunehmen. Das Commit-Protokoll finden Sie unter folgendem Link:
https://github.com/hwdsl2/setup-ipsec-vpn/commits/master/extras/ikev2setup.sh

Wenn eine neuere Version verfügbar ist, können Sie optional das IKEv2-Hilfsskript auf Ihrem Server aktualisieren. Beachten Sie, dass diese Befehle alle vorhandenen `ikev2.sh` überschreiben.

```
wget https://get.vpnsetup.net/ikev2 -O /opt/src/ikev2.sh
chmod +x /opt/src/ikev2.sh \
  && ln -s /opt/src/ikev2.sh /usr/bin 2>/dev/null
```

3.6 IKEv2 mit einem Hilfsskript einrichten

Hinweis: Standardmäßig wird IKEv2 automatisch eingerichtet, wenn das VPN-Setup-Skript ausgeführt wird. Sie können diesen Abschnitt überspringen und mit Abschnitt 3.2 „IKEv2-VPN-Clients konfigurieren" fortfahren.

Wichtig: Bevor Sie fortfahren, sollten Sie Ihren eigenen VPN-Server erfolgreich eingerichtet haben. Docker-Benutzer, siehe Abschnitt 11.9 IKEv2-VPN konfigurieren und verwenden.

Verwenden Sie dieses Hilfsskript, um IKEv2 automatisch auf dem VPN-Server einzurichten:

```
# IKEv2 mit Standardoptionen einrichten
sudo ikev2.sh --auto
# Alternativ können Sie IKEv2-Optionen anpassen
sudo ikev2.sh
```

Hinweis: Wenn IKEv2 bereits eingerichtet ist, Sie aber die IKEv2-Optionen anpassen möchten, entfernen Sie zuerst IKEv2 und richten Sie es dann mit „sudo ikev2.sh" erneut ein.

Wenn Sie fertig sind, fahren Sie mit Abschnitt 3.2 „IKEv2-VPN-Clients konfigurieren" fort. Fortgeschrittene Benutzer können optional den Nur-IKEv2-Modus aktivieren. Weitere Einzelheiten finden Sie in Abschnitt 8.3.

▼ Sie können optional einen DNS-Namen, einen Client-Namen und/oder benutzerdefinierte DNS-Server angeben.

Wenn Sie das IKEv2-Setup im automatischen Modus ausführen, können fortgeschrittene Benutzer optional einen DNS-Namen für die IKEv2-Serveradresse angeben. Der DNS-Name muss ein vollqualifizierter Domänenname (FQDN) sein. Beispiel:

```
sudo VPN_DNS_NAME='vpn.example.com' ikev2.sh --auto
```

Ebenso können Sie einen Namen für den ersten IKEv2-Client angeben. Wenn kein Name angegeben wird, lautet der Standardwert „vpnclient".

```
sudo VPN_CLIENT_NAME='your_client_name' ikev2.sh --auto
```

Standardmäßig sind IKEv2-Clients so eingestellt, dass sie Google Public DNS verwenden, wenn das VPN aktiv ist. Sie können benutzerdefinierte DNS-Server für IKEv2 angeben. Beispiel:

```
sudo VPN_DNS_SRV1=1.1.1.1 VPN_DNS_SRV2=1.0.0.1 ikev2.sh --auto
```

Beim Importieren der IKEv2-Clientkonfiguration ist standardmäßig kein Kennwort erforderlich. Sie können die Clientkonfigurationsdateien mit einem zufälligen Kennwort schützen.

```
sudo VPN_PROTECT_CONFIG=yes ikev2.sh --auto
```

Um Nutzungsinformationen für das IKEv2-Skript anzuzeigen, führen Sie „sudo ikev2.sh -h" auf Ihrem Server aus.

3.7 IKEv2 manuell einrichten

Als Alternative zur Verwendung des Hilfsskripts können fortgeschrittene Benutzer IKEv2 manuell auf dem VPN-Server einrichten. Bevor Sie fortfahren, wird empfohlen, Libreswan auf die neueste Version zu aktualisieren (siehe Abschnitt 2.7).

Sehen Sie sich Beispielschritte zum manuellen Einrichten von IKEv2 an: https://github.com/hwdsl2/setup-ipsec-vpn/blob/master/docs/ikev2-howto.md#manually-set-up-ikev2

3.8 IKEv2 entfernen

Wenn Sie IKEv2 vom VPN-Server entfernen, aber die Modi IPsec/L2TP und IPsec/XAuth („Cisco IPsec") (sofern installiert) beibehalten möchten, führen Sie das Hilfsskript aus. **Warnung:** Die gesamte IKEv2-Konfiguration einschließlich Zertifikaten und Schlüsseln wird **dauerhaft gelöscht**. Dies **kann nicht rückgängig gemacht werden**!

```
sudo ikev2.sh --removeikev2
```

Wenn Sie IKEv2 nach dem Entfernen erneut einrichten möchten, lesen Sie Abschnitt 3.6 „IKEv2 mithilfe eines Hilfsskripts einrichten".

▼ Alternativ können Sie IKEv2 manuell entfernen.

Um IKEv2 manuell vom VPN-Server zu entfernen, aber die Modi IPsec/L2TP und IPsec/XAuth („Cisco IPsec") beizubehalten, befolgen Sie diese Schritte. Befehle müssen als „root" ausgeführt werden.

Warnung: Alle IKEv2-Konfigurationen inklusive Zertifikaten und Schlüsseln werden **dauerhaft gelöscht**. Dies **kann nicht rückgängig gemacht werden**!

1. Benennen Sie die IKEv2-Konfigurationsdatei um (oder löschen Sie sie):

```
mv /etc/ipsec.d/ikev2.conf /etc/ipsec.d/ikev2.conf.bak
```

2. **(Wichtig) Starten Sie den IPsec-Dienst neu**:

```
service ipsec restart
```

3. Zertifikate in der IPsec-Datenbank auflisten:

```
certutil -L -d sql:/etc/ipsec.d
```

Beispielausgabe:

```
Certificate Nickname    Trust Attributes
                        SSL,S/MIME,JAR/XPI

IKEv2 VPN CA            CTu,u,u
($PUBLIC_IP)            u,u,u
vpnclient              u,u,u
```

4. Löschen Sie die Zertifikatsperrliste (Certificate Revocation List, CRL), falls vorhanden:

```
crlutil -D -d sql:/etc/ipsec.d -n "IKEv2 VPN CA" 2>/dev/null
```

5. Löschen Sie Zertifikate und Schlüssel. Ersetzen Sie unten „Spitzname" durch den Spitznamen jedes Zertifikats. Wiederholen Sie diese Befehle für jedes Zertifikat. Wenn Sie fertig sind, listen Sie die Zertifikate erneut in der IPsec-Datenbank auf und bestätigen Sie, dass die Liste leer ist.

```
certutil -F -d sql:/etc/ipsec.d -n "Nickname"
certutil -D -d sql:/etc/ipsec.d -n "Nickname" 2>/dev/null
```

4 Anleitung: IKEv2 VPN On Demand-Regeln für macOS und iOS anpassen

4.1 Einführung

VPN On Demand ist eine optionale Funktion für macOS und iOS (iPhone/iPad). Sie ermöglicht es dem Gerät, eine IKEv2-VPN-Verbindung basierend auf verschiedenen Kriterien automatisch zu starten oder zu stoppen. Siehe Abschnitt 3.2 IKEv2-VPN-Clients konfigurieren.

Standardmäßig starten die vom IKEv2-Skript erstellten VPN-On-Demand-Regeln automatisch eine VPN-Verbindung, wenn das Gerät über WLAN verbunden ist (mit Captive-Portal-Erkennung) und beenden die Verbindung, wenn es über Mobilfunk verbunden ist. Sie können diese Regeln anpassen, um bestimmte WLAN-Netzwerke wie Ihr Heimnetzwerk auszuschließen oder die VPN-Verbindung sowohl über WLAN als auch über Mobilfunk zu starten.

4.2 VPN On Demand-Regeln anpassen

Um VPN On Demand-Regeln für alle neuen IKEv2-Clients anzupassen, bearbeiten Sie **/opt/src/ikev2.sh** auf Ihrem VPN-Server und ersetzen Sie die Standardregeln durch eines der folgenden Beispiele. Danach können Sie neue Clients hinzufügen oder Konfigurationen für vorhandene Clients erneut exportieren, indem Sie „sudo ikev2.sh" ausführen.

Um diese Regeln für einen bestimmten IKEv2-Client anzupassen, bearbeiten Sie die generierte **.mobileconfig**-Datei für diesen Client. Entfernen Sie anschließend das vorhandene Profil (sofern vorhanden) vom VPN-Clientgerät und importieren Sie das aktualisierte Profil.

Als Referenz sind hier die Standardregeln im IKEv2-Skript:

```
<key>OnDemandRules</key>
<array>
  <dict>
    <key>InterfaceTypeMatch</key>
```

```
      <string>WiFi</string>
      <key>URLStringProbe</key>
      <string>http://captive.apple.com/hotspot-detect.html</string>
      <key>Action</key>
      <string>Connect</string>
    </dict>
    <dict>
      <key>InterfaceTypeMatch</key>
      <string>Cellular</string>
      <key>Action</key>
      <string>Disconnect</string>
    </dict>
    <dict>
      <key>Action</key>
      <string>Ignore</string>
    </dict>
</array>
```

Beispiel 1: Bestimmte WLAN-Netzwerke von VPN On Demand ausschließen:

```
<key>OnDemandRules</key>
<array>
  <dict>
    <key>InterfaceTypeMatch</key>
    <string>WiFi</string>
    <key>SSIDMatch</key>
    <array>
      <string>YOUR_WIFI_NETWORK_NAME</string>
    </array>
    <key>Action</key>
    <string>Disconnect</string>
  </dict>
  <dict>
    <key>InterfaceTypeMatch</key>
    <string>WiFi</string>
    <key>URLStringProbe</key>
    <string>http://captive.apple.com/hotspot-detect.html</string>
```

```
    <key>Action</key>
    <string>Connect</string>
  </dict>
  <dict>
    <key>InterfaceTypeMatch</key>
    <string>Cellular</string>
    <key>Action</key>
    <string>Disconnect</string>
  </dict>
  <dict>
    <key>Action</key>
    <string>Ignore</string>
  </dict>
</array>
```

Im Vergleich zu den Standardregeln wurde in diesem Beispiel dieser Teil hinzugefügt:

```
... ...
  <dict>
    <key>InterfaceTypeMatch</key>
    <string>WiFi</string>
    <key>SSIDMatch</key>
    <array>
      <string>YOUR_WIFI_NETWORK_NAME</string>
    </array>
    <key>Action</key>
    <string>Disconnect</string>
  </dict>
... ...
```

Hinweis: Wenn Sie mehr als ein WLAN-Netzwerk ausschließen möchten, fügen Sie dem Abschnitt „SSIDMatch" oben weitere Zeilen hinzu. Beispiel:

```
<array>
  <string>YOUR_WIFI_NETWORK_NAME_1</string>
  <string>YOUR_WIFI_NETWORK_NAME_2</string>
</array>
```

Beispiel 2: Starten Sie die VPN-Verbindung zusätzlich zu WLAN auch über das Mobilfunknetz:

```
<key>OnDemandRules</key>
<array>
  <dict>
    <key>InterfaceTypeMatch</key>
    <string>WiFi</string>
    <key>URLStringProbe</key>
    <string>http://captive.apple.com/hotspot-detect.html</string>
    <key>Action</key>
    <string>Connect</string>
  </dict>
  <dict>
    <key>InterfaceTypeMatch</key>
    <string>Cellular</string>
    <key>Action</key>
    <string>Connect</string>
  </dict>
  <dict>
    <key>Action</key>
    <string>Ignore</string>
  </dict>
</array>
```

Im Vergleich zu den Standardregeln hat sich dieser Teil in diesem Beispiel geändert:

```
... ...
  <dict>
    <key>InterfaceTypeMatch</key>
    <string>Cellular</string>
    <key>Action</key>
    <string>Connect</string>
  </dict>
... ...
```

Weitere Informationen zu VPN On Demand-Regeln finden Sie in der Apple-Dokumentation:
https://developer.apple.com/documentation/devicemanagement/vpn/vpn/ondemandruleselement

5 IPsec/L2TP VPN-Clients konfigurieren

Nachdem Sie Ihren eigenen VPN-Server eingerichtet haben, folgen Sie diesen Schritten, um Ihre Geräte zu konfigurieren. IPsec/L2TP wird nativ von Android, iOS, macOS und Windows unterstützt. Es muss keine zusätzliche Software installiert werden. Die Einrichtung sollte nur wenige Minuten dauern. Falls Sie keine Verbindung herstellen können, überprüfen Sie zunächst, ob die VPN-Anmeldeinformationen korrekt eingegeben wurden.

- Plattformen
  - Windows
  - macOS
  - Android
  - iOS (iPhone/iPad)
  - Chrome OS (Chromebook)
  - Linux

5.1 Windows

Sie können auch im IKEv2-Modus eine Verbindung herstellen (empfohlen).

5.1.1 Windows 11+

1. Klicken Sie mit der rechten Maustaste auf das Wireless-/Netzwerksymbol in Ihrer Taskleiste.
2. Wählen Sie **Netzwerk- und Interneteinstellungen** und klicken Sie dann auf der sich öffnenden Seite auf **VPN**.
3. Klicken Sie auf die Schaltfläche **VPN hinzufügen**.
4. Wählen Sie **Windows (integriert)** im Dropdown-Menü **VPN-Anbieter**.
5. Geben Sie im Feld **Verbindungsname** einen beliebigen Namen ein.
6. Geben Sie „Ihre VPN-Server-IP" in das Feld **Servername oder IP-Adresse** ein.

7. Wählen Sie **L2TP/IPsec mit vorinstalliertem Schlüssel** im Dropdown-Menü **VPN-Typ**.

8. Geben Sie „Ihren VPN IPsec PSK" in das Feld **Vorinstallierter Schlüssel** ein.

9. Geben Sie „Ihren VPN-Benutzernamen" in das Feld **Benutzername** ein.

10. Geben Sie „Ihr VPN-Passwort" in das Feld **Kennwort** ein.

11. Aktivieren Sie das Kontrollkästchen **Anmeldeinformationen speichern**.

12. Klicken Sie auf **Speichern**, um die VPN-Verbindungsdetails zu speichern.

Hinweis: Diese einmalige Registrierungsänderung (siehe Abschnitt 7.3.1) ist erforderlich, wenn sich der VPN-Server und/oder -Client hinter NAT befindet (z. B. Heimrouter).

So stellen Sie eine Verbindung zum VPN her: Klicken Sie auf die Schaltfläche **Verbinden** oder klicken Sie auf das Symbol für drahtlose Netzwerke/Netzwerke in Ihrer Taskleiste, klicken Sie auf **VPN**, wählen Sie dann den neuen VPN-Eintrag aus und klicken Sie auf **Verbinden**. Geben Sie bei entsprechender Aufforderung Ihren VPN-Benutzernamen und Ihr Passwort ein und klicken Sie dann auf **OK**.

Sobald die Verbindung hergestellt ist, können Sie überprüfen, ob Ihr Datenverkehr richtig weitergeleitet wird, indem Sie Ihre IP-Adresse bei Google nachschlagen. Sie sollten „Ihre öffentliche IP-Adresse ist ‚Ihre VPN-Server-IP'" sehen.

Wenn beim Verbindungsversuch eine Fehlermeldung auftritt, lesen Sie Abschnitt 7.3 „IKEv1-Fehlerbehebung".

5.1.2 Windows 10 und 8

1. Klicken Sie mit der rechten Maustaste auf das Wireless-/Netzwerksymbol in Ihrer Taskleiste.

2. Wählen Sie **Netzwerk- und Interneteinstellungen öffnen** und klicken Sie dann auf der sich öffnenden Seite auf **Netzwerk- und Freigabecenter**.

3. Klicken Sie auf **Neue Verbindung oder neues Netzwerk einrichten**.
4. Wählen Sie **Verbindung mit dem Arbeitsplatz herstellen** und klicken Sie auf **Weiter**.
5. Klicken Sie auf **Die Internetverbindung (VPN) verwenden**.
6. Geben Sie „Ihre VPN-Server-IP" in das Feld **Internetadresse** ein.
7. Geben Sie im Feld **Zielname** einen beliebigen Namen ein und klicken Sie dann auf **Erstellen**.
8. Kehren Sie zum **Netzwerk- und Freigabecenter** zurück. Klicken Sie links auf **Adaptereinstellungen ändern**.
9. Klicken Sie mit der rechten Maustaste auf den neuen VPN-Eintrag und wählen Sie **Eigenschaften**.
10. Klicken Sie auf die Registerkarte **Sicherheit**. Wählen Sie als **VPN-Typ** „Layer-2-Tunneling-Protokoll mit IPsec (L2TP/IPSec)" aus.
11. Klicken Sie auf **Folgende Protokolle zulassen**. Aktivieren Sie die Kontrollkästchen „Challenge Handshake Authentication-Protokoll (CHAP)" und „Microsoft CHAP Version 2 (MS-CHAP v2)".
12. Klicken Sie auf die Schaltfläche **Erweiterte Einstellungen**.
13. Wählen Sie **Vorinstallierten Schlüssel für Authentifizierung verwenden** und geben Sie als **Schlüssel** ‚Ihr VPN IPsec PSK' ein.
14. Klicken Sie auf **OK**, um die **Erweiterten Einstellungen** zu schließen.
15. Klicken Sie auf **OK**, um die VPN-Verbindungsdetails zu speichern.

Hinweis: Diese einmalige Registrierungsänderung (siehe Abschnitt 7.3.1) ist erforderlich, wenn sich der VPN-Server und/oder -Client hinter NAT befindet (z. B. Heimrouter).

So stellen Sie eine Verbindung zum VPN her: Klicken Sie auf das Wireless-/Netzwerksymbol in Ihrer Taskleiste, wählen Sie den neuen VPN-Eintrag aus und klicken Sie auf **Verbinden**. Geben Sie bei entsprechender Aufforderung „Ihren VPN-Benutzernamen" und „Ihr Passwort" ein und klicken Sie dann auf **OK**.

Sobald die Verbindung hergestellt ist, können Sie überprüfen, ob Ihr Datenverkehr richtig weitergeleitet wird, indem Sie Ihre IP-Adresse bei Google nachschlagen. Sie sollten „Ihre öffentliche IP-Adresse ist ‚Ihre VPN-Server-IP'" sehen.

Wenn beim Verbindungsversuch eine Fehlermeldung auftritt, lesen Sie Abschnitt 7.3 „IKEv1-Fehlerbehebung".

Alternativ können Sie die VPN-Verbindung auch mit diesen Windows PowerShell-Befehlen erstellen, anstatt die oben genannten Schritte auszuführen. Ersetzen Sie „Ihre VPN-Server-IP" und „Ihr VPN IPsec PSK" durch Ihre eigenen Werte, eingeschlossen in einfache Anführungszeichen:

```
# Persistenten Befehlsverlauf deaktivieren
Set-PSReadlineOption -HistorySaveStyle SaveNothing
# VPN-Verbindung herstellen
Add-VpnConnection -Name 'My IPsec VPN' `
  -ServerAddress 'Your VPN Server IP' `
  -L2tpPsk 'Your VPN IPsec PSK' -TunnelType L2tp `
  -EncryptionLevel Required `
  -AuthenticationMethod Chap,MSChapv2 -Force `
  -RememberCredential -PassThru
# Ignorieren Sie die Warnung zur Datenverschlüsselung
# (Daten werden im IPsec-Tunnel verschlüsselt)
```

5.1.3 Windows 7, Vista und XP

1. Klicken Sie auf das Startmenü und gehen Sie zur Systemsteuerung.
2. Gehen Sie zum Abschnitt **Netzwerk und Internet**.
3. Klicken Sie auf **Netzwerk- und Freigabecenter**.
4. Klicken Sie auf **Neue Verbindung oder neues Netzwerk einrichten**.
5. Wählen Sie **Verbindung mit dem Arbeitsplatz herstellen** und klicken Sie auf **Weiter**.
6. Klicken Sie auf **Die Internetverbindung (VPN) verwenden**.
7. Geben Sie „Ihre VPN-Server-IP" in das Feld **Internetadresse** ein.
8. Geben Sie im Feld **Zielname** einen beliebigen Namen ein.
9. Aktivieren Sie das Kontrollkästchen **Jetzt nicht verbinden; nur einrichten, damit ich später verbinden kann**.
10. Klicken Sie auf **Weiter**.
11. Geben Sie „Ihren VPN-Benutzernamen" in das Feld **Benutzername** ein.
12. Geben Sie „Ihr VPN-Passwort" in das Feld **Passwort** ein.

13. Aktivieren Sie das Kontrollkästchen **Dieses Passwort merken**.
14. Klicken Sie auf **Erstellen** und dann auf **Schließen**.
15. Kehren Sie zum **Netzwerk- und Freigabecenter** zurück. Klicken Sie links auf **Adaptereinstellungen ändern**.
16. Klicken Sie mit der rechten Maustaste auf den neuen VPN-Eintrag und wählen Sie **Eigenschaften**.
17. Klicken Sie auf die Registerkarte **Optionen** und deaktivieren Sie **Windows-Anmeldedomäne einbeziehen**.
18. Klicken Sie auf die Registerkarte **Sicherheit**. Wählen Sie als **VPN-Typ** „Layer-2-Tunneling-Protokoll mit IPsec (L2TP/IPSec)" aus.
19. Klicken Sie auf **Folgende Protokolle zulassen**. Aktivieren Sie die Kontrollkästchen „Challenge Handshake Authentication-Protokoll (CHAP)" und „Microsoft CHAP Version 2 (MS-CHAP v2)".
20. Klicken Sie auf die Schaltfläche **Erweiterte Einstellungen**.
21. Wählen Sie **Vorinstallierten Schlüssel für Authentifizierung verwenden** und geben Sie als **Schlüssel** ‚Ihr VPN IPsec PSK' ein.
22. Klicken Sie auf **OK**, um die **Erweiterten Einstellungen** zu schließen.
23. Klicken Sie auf **OK**, um die VPN-Verbindungsdetails zu speichern.

Hinweis: Diese einmalige Registrierungsänderung (siehe Abschnitt 7.3.1) ist erforderlich, wenn sich der VPN-Server und/oder -Client hinter NAT befindet (z. B. Heimrouter).

So stellen Sie eine Verbindung zum VPN her: Klicken Sie auf das Wireless-/Netzwerksymbol in Ihrer Taskleiste, wählen Sie den neuen VPN-Eintrag aus und klicken Sie auf **Verbinden**. Geben Sie bei entsprechender Aufforderung „Ihren VPN-Benutzernamen" und „Ihr Passwort" ein und klicken Sie dann auf **OK**.

Sobald die Verbindung hergestellt ist, können Sie überprüfen, ob Ihr Datenverkehr richtig weitergeleitet wird, indem Sie Ihre IP-Adresse bei Google nachschlagen. Sie sollten „Ihre öffentliche IP-Adresse ist ‚Ihre VPN-Server-IP'" sehen.

Wenn beim Verbindungsversuch eine Fehlermeldung auftritt, lesen Sie Abschnitt 7.3 „IKEv1-Fehlerbehebung".

5.2 macOS

5.2.1 macOS 13 (Ventura) und neuer

> Sie können auch im IKEv2-Modus (empfohlen) oder im IPsec/XAuth-Modus eine Verbindung herstellen.

1. Öffnen Sie die **Systemeinstellungen** und gehen Sie zum Abschnitt **Netzwerk**.
2. Klicken Sie auf der rechten Seite des Fensters auf **VPN**.
3. Klicken Sie auf das Dropdown-Menü **VPN-Konfiguration hinzufügen** und wählen Sie **L2TP über IPSec**.
4. Geben Sie im sich öffnenden Fenster einen beliebigen **Anzeigenamen** ein.
5. Belassen Sie die **Konfiguration** auf **Standard**.
6. Geben Sie „Ihre VPN-Server-IP" als **Serveradresse** ein.
7. Geben Sie als **Accountname** „Ihren VPN-Benutzernamen" ein.
8. Wählen Sie **Passwort** aus dem Dropdown-Menü **Benutzerauthentifizierung**.
9. Geben Sie als **Passwort** ‚Ihr VPN-Passwort' ein.
10. Wählen Sie **Shared Secret** aus dem Dropdown-Menü **Geräteauthentifizierung**.
11. Geben Sie „Ihr VPN IPsec PSK" als **Shared Secret** ein.
12. Lassen Sie das Feld **Gruppenname** leer.
13. **(Wichtig)** Klicken Sie auf die Registerkarte **Optionen** und stellen Sie sicher, dass der Schalter **Gesamten Verkehr über die VPN-Verbindung senden** aktiviert ist.
14. **(Wichtig)** Klicken Sie auf die Registerkarte **TCP/IP** und wählen Sie **Nur Link-Local** aus dem Dropdown-Menü **IPv6 konfigurieren**.
15. Klicken Sie auf **Erstellen**, um die VPN-Konfiguration zu speichern.
16. Um den VPN-Status in Ihrer Menüleiste anzuzeigen und per Verknüpfung darauf zuzugreifen, gehen Sie zum Abschnitt **Kontrollzentrum** der **Systemeinstellungen**. Scrollen Sie nach unten und wählen Sie „In Menüleiste anzeigen" aus dem Dropdown-Menü **VPN**.

So stellen Sie eine Verbindung zum VPN her: Verwenden Sie das Menüleistensymbol oder gehen Sie zum Abschnitt **VPN** der **Systemeinstellungen** und schalten Sie den Schalter für Ihre VPN-Konfiguration um.

Sobald die Verbindung hergestellt ist, können Sie überprüfen, ob Ihr Datenverkehr richtig weitergeleitet wird, indem Sie Ihre IP-Adresse bei Google nachschlagen. Sie sollten „Ihre öffentliche IP-Adresse ist ‚Ihre VPN-Server-IP'" sehen.

Wenn beim Verbindungsversuch eine Fehlermeldung auftritt, lesen Sie Abschnitt 7.3 „IKEv1-Fehlerbehebung".

5.2.2 macOS 12 (Monterey) und älter

> Sie können auch im IKEv2-Modus (empfohlen) oder im IPsec/XAuth-Modus eine Verbindung herstellen.

1. Öffnen Sie die Systemeinstellungen und gehen Sie zum Abschnitt Netzwerk.
2. Klicken Sie auf die Schaltfläche + in der unteren linken Ecke des Fensters.
3. Wählen Sie **VPN** aus dem Dropdown-Menü **Anschluss**.
4. Wählen Sie **L2TP über IPSec** aus dem Dropdown-Menü **VPN-Typ**.
5. Geben Sie bei **Dienstname** einen beliebigen Namen ein.
6. Klicken Sie auf **Erstellen**.
7. Geben Sie als **Serveradresse** „Ihre VPN-Server-IP" ein.
8. Geben Sie als **Accountname** „Ihren VPN-Benutzernamen" ein.
9. Klicken Sie auf die Schaltfläche **Authentifizierungseinstellungen**.
10. Wählen Sie im Abschnitt **Benutzerauthentifizierung** das Optionsfeld **Passwort** und geben Sie „Ihr VPN-Passwort" ein.
11. Wählen Sie im Abschnitt **Geräteauthentifizierung** das Optionsfeld **Shared Secret** und geben Sie „Ihr VPN IPsec PSK" ein.
12. Klicken Sie auf **OK**.
13. Aktivieren Sie das Kontrollkästchen **VPN-Status in der Menüleiste anzeigen**.
14. **(Wichtig)** Klicken Sie auf die Schaltfläche **Erweitert** und stellen Sie sicher, dass das Kontrollkästchen **Gesamten Verkehr über die VPN-**

Verbindung senden aktiviert ist.

15. **(Wichtig)** Klicken Sie auf die Registerkarte **TCP/IP** und stellen Sie sicher, dass im Abschnitt **IPv6 konfigurieren** die Option **Nur Link-Local** ausgewählt ist.

16. Klicken Sie auf **OK**, um die erweiterten Einstellungen zu schließen, und klicken Sie dann auf **Übernehmen**, um die VPN-Verbindungsinformationen zu speichern.

So stellen Sie eine Verbindung zum VPN her: Verwenden Sie das Symbol in der Menüleiste oder gehen Sie in den Systemeinstellungen zum Abschnitt „Netzwerk", wählen Sie das VPN aus und wählen Sie **Verbinden.**

Sobald die Verbindung hergestellt ist, können Sie überprüfen, ob Ihr Datenverkehr richtig weitergeleitet wird, indem Sie Ihre IP-Adresse bei Google nachschlagen. Sie sollten „Ihre öffentliche IP-Adresse ist ‚Ihre VPN-Server-IP'" sehen.

Wenn beim Verbindungsversuch eine Fehlermeldung auftritt, lesen Sie Abschnitt 7.3 „IKEv1-Fehlerbehebung".

5.3 Android

Wichtig: Android-Benutzer sollten stattdessen den sichereren IKEv2-Modus verwenden (empfohlen). Weitere Einzelheiten finden Sie in Abschnitt 3.2. Android 12+ unterstützt nur den IKEv2-Modus. Der native VPN-Client in Android verwendet das weniger sichere `modp1024` (DH-Gruppe 2) für die Modi IPsec/L2TP und IPsec/XAuth („Cisco IPsec").

Wenn Sie dennoch eine Verbindung im IPsec/L2TP-Modus herstellen möchten, müssen Sie zunächst `/etc/ipsec.conf` auf dem VPN-Server bearbeiten. Suchen Sie die Zeile `ike=...` und hängen Sie am Ende `,aes256-sha2;modp1024,aes128-sha1;modp1024` an. Speichern Sie die Datei und führen Sie `service ipsec restart` aus.

Docker-Benutzer: Fügen Sie Ihrer Umgebungsdatei `VPN_ENABLE_MODP1024=yes` hinzu und erstellen Sie dann den Docker-Container neu.

Führen Sie anschließend die folgenden Schritte auf Ihrem Android-Gerät aus:

1. Starten Sie die Anwendung **Einstellungen**.
2. Tippen Sie auf „Netzwerk & Internet". Oder tippen Sie bei Verwendung von Android 7 oder älter im Abschnitt **Drahtlos & Netzwerke** auf **Mehr...**.
3. Tippen Sie auf **VPN**.
4. Tippen Sie oben rechts auf dem Bildschirm auf **VPN-Profil hinzufügen** oder das +-Symbol.
5. Geben Sie im Feld **Name** einen beliebigen Namen ein.
6. Wählen Sie **L2TP/IPSec PSK** im Dropdown-Menü **Typ**.
7. Geben Sie „Ihre VPN-Server-IP" in das Feld **Serveradresse** ein.
8. Lassen Sie das Feld **L2TP-Schlüssel** leer.
9. Lassen Sie das Feld **IPSec-ID** leer.
10. Geben Sie „Ihren VPN IPsec PSK" in das Feld **Vorinstallierter IPSec-Schlüssel** ein.
11. Tippen Sie auf **Speichern**.
12. Tippen Sie auf die neue VPN-Verbindung.
13. Geben Sie „Ihren VPN-Benutzernamen" in das Feld **Nutzername** ein.
14. Geben Sie „Ihr VPN-Passwort" in das Feld **Passwort** ein.
15. Aktivieren Sie das Kontrollkästchen **Kontoinformationen speichern**.
16. Tippen Sie auf **Verbinden**.

Sobald die Verbindung hergestellt ist, wird in der Benachrichtigungsleiste ein VPN-Symbol angezeigt. Sie können überprüfen, ob Ihr Datenverkehr richtig weitergeleitet wird, indem Sie Ihre IP-Adresse bei Google nachschlagen. Sie sollten „Ihre öffentliche IP-Adresse ist ‚Ihre VPN-Server-IP'" sehen.

Wenn beim Verbindungsversuch eine Fehlermeldung auftritt, lesen Sie Abschnitt 7.3 „IKEv1-Fehlerbehebung".

5.4 iOS

Sie können auch im IKEv2-Modus (empfohlen) oder im IPsec/XAuth-Modus eine Verbindung herstellen.

1. Gehen Sie zu Einstellungen → Allgemein → VPN.
2. Tippen Sie auf **VPN-Konfiguration hinzufügen...**.
3. Tippen Sie auf **Typ**. Wählen Sie **L2TP** und gehen Sie zurück.
4. Tippen Sie auf **Beschreibung** und geben Sie alles ein, was Sie möchten.
5. Tippen Sie auf **Server** und geben Sie „Ihre VPN-Server-IP" ein.
6. Tippen Sie auf **Account** und geben Sie „Ihren VPN-Benutzernamen" ein.
7. Tippen Sie auf **Passwort** und geben Sie „Ihr VPN-Passwort" ein.
8. Tippen Sie auf **Shared Secret** und geben Sie „Ihr VPN IPsec PSK" ein.
9. Stellen Sie sicher, dass der Schalter **Gesamten Verkehr senden** aktiviert ist.
10. Tippen Sie auf **Fertig**.
11. Schieben Sie den **VPN**-Schalter auf EIN.

Sobald die Verbindung hergestellt ist, wird in der Statusleiste ein VPN-Symbol angezeigt. Sie können überprüfen, ob Ihr Datenverkehr richtig weitergeleitet wird, indem Sie Ihre IP-Adresse bei Google nachschlagen. Sie sollten „Ihre öffentliche IP-Adresse ist ‚Ihre VPN-Server-IP'" sehen.

Wenn beim Verbindungsversuch eine Fehlermeldung auftritt, lesen Sie Abschnitt 7.3 „IKEv1-Fehlerbehebung".

5.5 Chrome OS

Sie können auch im IKEv2-Modus eine Verbindung herstellen (empfohlen).

1. Gehen Sie zu Einstellungen → Netzwerk.
2. Klicken Sie auf **Verbindung hinzufügen** und dann auf **Integriertes VPN hinzufügen**.
3. Geben Sie bei **Name des Dienstes** einen beliebigen Namen ein.
4. Wählen Sie **L2TP/IPsec** im Dropdown-Menü **Providertyp**.
5. Geben Sie „Ihre VPN-Server-IP" als **Hostname des Servers** ein.
6. Wählen Sie **Vorinstallierter Schlüssel** im Dropdown-Menü **Authentifizierungstyp**.
7. Geben Sie als **Nutzername** „Ihren VPN-Benutzernamen" ein.
8. Geben Sie als **Passwort** ‚Ihr VPN-Passwort' ein.

9. Geben Sie „Ihr VPN IPsec PSK" für den **Vorinstallierter Schlüssel** ein.

10. Lassen Sie andere Felder leer.

11. Aktivieren Sie **Identität und Passwort speichern**.

12. Klicken Sie auf **Verbinden**.

Sobald die Verbindung hergestellt ist, wird über dem Netzwerkstatussymbol ein VPN-Symbol angezeigt. Sie können überprüfen, ob Ihr Datenverkehr richtig weitergeleitet wird, indem Sie Ihre IP-Adresse bei Google nachschlagen. Sie sollten „Ihre öffentliche IP-Adresse ist ‚Ihre VPN-Server-IP'" sehen.

Wenn beim Verbindungsversuch eine Fehlermeldung auftritt, lesen Sie Abschnitt 7.3 „IKEv1-Fehlerbehebung".

5.6 Linux

Sie können auch im IKEv2-Modus eine Verbindung herstellen (empfohlen).

5.6.1 Ubuntu Linux

Benutzer von Ubuntu 18.04 (und neuer) können das Paket „network-manager-l2tp-gnome" mit „apt" installieren und dann den IPsec/L2TP-VPN-Client über die GUI konfigurieren.

1. Gehen Sie zu Einstellungen → Netzwerk → VPN. Klicken Sie auf die Schaltfläche +.

2. Wählen Sie **Layer 2 Tunneling Protocol (L2TP)**.

3. Geben Sie im Feld **Name** einen beliebigen Namen ein.

4. Geben Sie „Ihre VPN-Server-IP" für das **Gateway** ein.

5. Geben Sie als **Benutzernamen** ‚Ihren VPN-Benutzernamen' ein.

6. Klicken Sie mit der rechten Maustaste auf **?** im Feld **Passwort** und wählen Sie **Passwort nur für diesen Benutzer speichern**.

7. Geben Sie als **Passwort** ‚Ihr VPN-Passwort' ein.

8. Lassen Sie das Feld **NT-Domäne** leer.

9. Klicken Sie auf die Schaltfläche **IPsec-Einstellungen...**.

10. Aktivieren Sie das Kontrollkästchen **IPsec-Tunnel zum L2TP-Host aktivieren**.

11. Lassen Sie das Feld **Gateway-ID** leer.

12. Geben Sie „Ihr VPN IPsec PSK" für den **Pre-Shared Key** ein.

13. Erweitern Sie den Abschnitt **Erweitert**.

14. Geben Sie „aes128-sha1-modp2048" für die **Phase1-Algorithmen** ein.

15. Geben Sie „aes128-sha1" für die **Phase2-Algorithmen** ein.

16. Klicken Sie auf **OK** und dann auf **Hinzufügen**, um die VPN-Verbindungsinformationen zu speichern.

17. Schalten Sie den **VPN**-Schalter EIN.

Sobald die Verbindung hergestellt ist, können Sie überprüfen, ob Ihr Datenverkehr richtig weitergeleitet wird, indem Sie Ihre IP-Adresse bei Google nachschlagen. Sie sollten „Ihre öffentliche IP-Adresse ist ‚Ihre VPN-Server-IP'" sehen.

5.6.2 Fedora und CentOS

Benutzer von Fedora 28 (und neuer) und CentOS 8/7 können im IPsec/XAuth-Modus eine Verbindung herstellen.

5.6.3 Anderes Linux

Prüfen Sie zunächst hier (https://github.com/nm-l2tp/NetworkManager-l2tp/wiki/Prebuilt-Packages), ob die Pakete network-manager-l2tp und network-manager-l2tp-gnome für Ihre Linux-Distribution verfügbar sind. Wenn ja, installieren Sie sie (wählen Sie strongSwan aus) und folgen Sie den obigen Anweisungen. Alternativ können Sie Linux-VPN-Clients über die Befehlszeile konfigurieren.

5.6.4 Konfigurieren über die Befehlszeile

Fortgeschrittene Benutzer können diese Schritte befolgen, um Linux-VPN-Clients über die Befehlszeile zu konfigurieren. Alternativ können Sie eine Verbindung im IKEv2-Modus herstellen (empfohlen) oder die Konfiguration über die GUI durchführen. Befehle müssen auf Ihrem VPN-Client als „root" ausgeführt werden.

Um den VPN-Client einzurichten, installieren Sie zunächst die folgenden Pakete:

```
# Ubuntu und Debian
apt-get update
apt-get install strongswan xl2tpd net-tools


# Fedora
yum install strongswan xl2tpd net-tools


# CentOS
yum install epel-release
yum --enablerepo=epel install strongswan xl2tpd net-tools
```

VPN-Variablen erstellen (durch tatsächliche Werte ersetzen):

```
VPN_SERVER_IP='your_vpn_server_ip'
VPN_IPSEC_PSK='your_ipsec_pre_shared_key'
VPN_USER='your_vpn_username'
VPN_PASSWORD='your_vpn_password'
```

Konfigurieren Sie strongSwan:

```
cat > /etc/ipsec.conf <<EOF
# ipsec.conf - strongSwan IPsec configuration file


conn myvpn
  auto=add
  keyexchange=ikev1
  authby=secret
  type=transport
  left=%defaultroute
  leftprotoport=17/1701
  rightprotoport=17/1701
  right=$VPN_SERVER_IP
  ike=aes128-sha1-modp2048
  esp=aes128-sha1
EOF
```

```
cat > /etc/ipsec.secrets <<EOF
: PSK "$VPN_IPSEC_PSK"
EOF


chmod 600 /etc/ipsec.secrets


# NUR für CentOS und Fedora
mv /etc/strongswan/ipsec.conf \
   /etc/strongswan/ipsec.conf.old 2>/dev/null
mv /etc/strongswan/ipsec.secrets \
   /etc/strongswan/ipsec.secrets.old 2>/dev/null
ln -s /etc/ipsec.conf /etc/strongswan/ipsec.conf
ln -s /etc/ipsec.secrets /etc/strongswan/ipsec.secrets
```

Konfigurieren Sie xl2tpd:

```
cat > /etc/xl2tpd/xl2tpd.conf <<EOF
[lac myvpn]
lns = $VPN_SERVER_IP
ppp debug = yes
pppoptfile = /etc/ppp/options.l2tpd.client
length bit = yes
EOF


cat > /etc/ppp/options.l2tpd.client <<EOF
ipcp-accept-local
ipcp-accept-remote
refuse-eap
require-chap
noccp
noauth
mtu 1280
mru 1280
noipdefault
defaultroute
usepeerdns
connect-delay 5000
name "$VPN_USER"
```

```
password "$VPN_PASSWORD"
EOF
```

```
chmod 600 /etc/ppp/options.l2tpd.client
```

Die Einrichtung des VPN-Clients ist nun abgeschlossen. Befolgen Sie die nachstehenden Schritte, um eine Verbindung herzustellen.

Hinweis: Sie müssen alle folgenden Schritte jedes Mal wiederholen, wenn Sie versuchen, eine Verbindung zum VPN herzustellen.

Erstellen Sie eine xl2tpd-Steuerdatei:

```
mkdir -p /var/run/xl2tpd
touch /var/run/xl2tpd/l2tp-control
```

Dienste neu starten:

```
service strongswan restart

# Für Ubuntu 20.04, wenn der Strongswan-Dienst
# nicht gefunden wird
ipsec restart

service xl2tpd restart
```

Starten Sie die IPsec-Verbindung:

```
# Ubuntu und Debian
ipsec up myvpn

# CentOS und Fedora
strongswan up myvpn
```

Starten Sie die L2TP-Verbindung:

```
echo "c myvpn" > /var/run/xl2tpd/l2tp-control
```

Führen Sie `ifconfig` aus und überprüfen Sie die Ausgabe. Sie sollten jetzt eine neue Schnittstelle ppp0 sehen.

Überprüfen Sie Ihre vorhandene Standardroute:

```
ip route
```

Suchen Sie in der Ausgabe nach dieser Zeile: „default via XXXX ...". Notieren Sie sich diese Gateway-IP zur Verwendung in den beiden folgenden Befehlen.

Schließen Sie die öffentliche IP Ihres VPN-Servers von der neuen Standardroute aus (ersetzen Sie sie durch den tatsächlichen Wert):

```
route add YOUR_VPN_SERVER_PUBLIC_IP gw X.X.X.X
```

Wenn Ihr VPN-Client ein Remote-Server ist, müssen Sie auch die öffentliche IP Ihres lokalen PCs von der neuen Standardroute ausschließen, um zu verhindern, dass Ihre SSH-Sitzung getrennt wird (durch tatsächlichen Wert ersetzen):

```
route add YOUR_LOCAL_PC_PUBLIC_IP gw X.X.X.X
```

Fügen Sie eine neue Standardroute hinzu, um den Datenverkehr über den VPN-Server zu leiten:

```
route add default dev ppp0
```

Die VPN-Verbindung ist nun hergestellt. Überprüfen Sie, ob Ihr Datenverkehr richtig weitergeleitet wird:

```
wget -qO- http://ipv4.icanhazip.com; echo
```

Der obige Befehl sollte „Ihre VPN-Server-IP" zurückgeben.

So beenden Sie die Weiterleitung des Datenverkehrs über den VPN-Server:

```
route del default dev ppp0
```

So trennen Sie die Verbindung:

```
# Ubuntu und Debian
echo "d myvpn" > /var/run/xl2tpd/l2tp-control
ipsec down myvpn
```

```
# CentOS und Fedora
echo "d myvpn" > /var/run/xl2tpd/l2tp-control
strongswan down myvpn
```

6 IPsec/XAuth VPN-Clients konfigurieren

Nachdem Sie Ihren eigenen VPN-Server eingerichtet haben, folgen Sie diesen Schritten, um Ihre Geräte zu konfigurieren. IPsec/XAuth („Cisco IPsec") wird nativ von Android, iOS und macOS unterstützt. Es muss keine zusätzliche Software installiert werden. Windows-Benutzer können den kostenlosen Shrew Soft-Client verwenden. Falls Sie keine Verbindung herstellen können, überprüfen Sie zunächst, ob die VPN-Anmeldeinformationen korrekt eingegeben wurden.

Der IPsec/XAuth-Modus wird auch „Cisco IPsec" genannt. Dieser Modus ist im Allgemeinen **schneller als** IPsec/L2TP und hat weniger Overhead.

- Plattformen
  - Windows
  - macOS
  - Android
  - iOS (iPhone/iPad)
  - Linux

6.1 Windows

> Sie können auch eine Verbindung im IKEv2-Modus (empfohlen) oder im IPsec/L2TP-Modus herstellen. Es ist keine zusätzliche Software erforderlich.

1. Laden Sie den kostenlosen Shrew Soft VPN-Client herunter und installieren Sie ihn (https://www.shrew.net/download/vpn). Wählen Sie während der Installation bei der entsprechenden Aufforderung **Standard Edition** aus.
   Hinweis: Dieser VPN-Client unterstützt Windows 10/11 NICHT.
2. Klicken Sie auf Startmenü → Alle Programme → ShrewSoft VPN Client → VPN Access Manager
3. Klicken Sie in der Symbolleiste auf die Schaltfläche **Add (+)**.
4. Geben Sie „Ihre VPN-Server-IP" in das Feld **Host Name or IP Address** ein.

5. Klicken Sie auf die Registerkarte **Authentication**. Wählen Sie **Mutual PSK + XAuth** aus dem Dropdown-Menü **Authentication Method**.

6. Wählen Sie auf der Unterregisterkarte **Local Identity** im Dropdown-Menü **Identification Type** die Option **IP Address** aus.

7. Klicken Sie auf die Unterregisterkarte **Credentials**. Geben Sie „Ihren VPN IPsec PSK" in das Feld **Pre Shared Key** ein.

8. Klicken Sie auf die Registerkarte **Phase 1**. Wählen Sie **main** aus dem Dropdown-Menü **Exchange Type**.

9. Klicken Sie auf die Registerkarte **Phase 2**. Wählen Sie **sha1** aus dem Dropdown-Menü **HMAC Algorithm**.

10. Klicken Sie auf **Save**, um die VPN-Verbindungsdetails zu speichern.

11. Wählen Sie die neue VPN-Verbindung aus. Klicken Sie in der Symbolleiste auf die Schaltfläche **Connect**.

12. Geben Sie „Ihren VPN-Benutzernamen" in das Feld **Username** ein.

13. Geben Sie „Ihr VPN-Passwort" in das Feld **Password** ein.

14. Klicken Sie auf **Connect**.

Sobald die Verbindung hergestellt ist, wird im Statusfenster von VPN Connect **tunnel enabled** angezeigt. Klicken Sie auf die Registerkarte „Network" und bestätigen Sie, dass unter „Security Associations" **Established - 1** angezeigt wird. Sie können überprüfen, ob Ihr Datenverkehr richtig weitergeleitet wird, indem Sie Ihre IP-Adresse bei Google nachschlagen. Sie sollten „Ihre öffentliche IP-Adresse ist ‚Ihre VPN-Server-IP'" sehen.

Wenn beim Verbindungsversuch eine Fehlermeldung auftritt, lesen Sie Abschnitt 7.3 „IKEv1-Fehlerbehebung".

6.2 macOS

6.2.1 macOS 13 (Ventura) und neuer

> Sie können auch im IKEv2- (empfohlen) oder IPsec/L2TP-Modus eine Verbindung herstellen.

1. Öffnen Sie die **Systemeinstellungen** und gehen Sie zum Abschnitt **Netzwerk**.

2. Klicken Sie auf der rechten Seite des Fensters auf **VPN**.

3. Klicken Sie auf das Dropdown-Menü **VPN-Konfiguration hinzufügen** und wählen Sie **Cisco IPSec**.

4. Geben Sie im sich öffnenden Fenster einen beliebigen **Anzeigenamen** ein.

5. Geben Sie „Ihre VPN-Server-IP" als **Serveradresse** ein.

6. Geben Sie als **Accountname** „Ihren VPN-Benutzernamen" ein.

7. Geben Sie als **Passwort** ‚Ihr VPN-Passwort' ein.

8. Wählen Sie **Shared Secret** aus dem Dropdown-Menü **Typ**.

9. Geben Sie „Ihr VPN IPsec PSK" als **Shared Secret** ein.

10. Lassen Sie das Feld **Gruppenname** leer.

11. Klicken Sie auf **Erstellen**, um die VPN-Konfiguration zu speichern.

12. Um den VPN-Status in Ihrer Menüleiste anzuzeigen und per Verknüpfung darauf zuzugreifen, gehen Sie zum Abschnitt **Kontrollzentrum** der **Systemeinstellungen**. Scrollen Sie nach unten und wählen Sie „In Menüleiste anzeigen" aus dem Dropdown-Menü **VPN**.

So stellen Sie eine Verbindung zum VPN her: Verwenden Sie das Menüleistensymbol oder gehen Sie zum Abschnitt **VPN** der **Systemeinstellungen** und schalten Sie den Schalter für Ihre VPN-Konfiguration um.

Sobald die Verbindung hergestellt ist, können Sie überprüfen, ob Ihr Datenverkehr richtig weitergeleitet wird, indem Sie Ihre IP-Adresse bei Google nachschlagen. Sie sollten „Ihre öffentliche IP-Adresse ist ‚Ihre VPN-Server-IP'" sehen.

Wenn beim Verbindungsversuch eine Fehlermeldung auftritt, lesen Sie Abschnitt 7.3 „IKEv1-Fehlerbehebung".

6.2.2 macOS 12 (Monterey) und älter

> Sie können auch im IKEv2- (empfohlen) oder IPsec/L2TP-Modus eine Verbindung herstellen.

1. Öffnen Sie die Systemeinstellungen und gehen Sie zum Abschnitt Netzwerk.

2. Klicken Sie auf die Schaltfläche + in der unteren linken Ecke des Fensters.

3. Wählen Sie **VPN** aus dem Dropdown-Menü **Anschluss**.
4. Wählen Sie **Cisco IPSec** aus dem Dropdown-Menü **VPN-Typ**.
5. Geben Sie bei **Dienstname** einen beliebigen Namen ein.
6. Klicken Sie auf **Erstellen**.
7. Geben Sie als **Serveradresse** „Ihre VPN-Server-IP" ein.
8. Geben Sie als **Accountname** „Ihren VPN-Benutzernamen" ein.
9. Geben Sie als **Passwort** ‚Ihr VPN-Passwort' ein.
10. Klicken Sie auf die Schaltfläche **Authentifizierungseinstellungen**.
11. Wählen Sie im Abschnitt **Geräteauthentifizierung** das Optionsfeld **Shared Secret** und geben Sie „Ihr VPN IPsec PSK" ein.
12. Lassen Sie das Feld **Gruppenname** leer.
13. Klicken Sie auf **OK**.
14. Aktivieren Sie das Kontrollkästchen **VPN-Status in der Menüleiste anzeigen**.
15. Klicken Sie auf **Übernehmen**, um die VPN-Verbindungsinformationen zu speichern.

So stellen Sie eine Verbindung zum VPN her: Verwenden Sie das Symbol in der Menüleiste oder gehen Sie in den Systemeinstellungen zum Abschnitt „Netzwerk", wählen Sie das VPN aus und wählen Sie **Verbinden**.

Sobald die Verbindung hergestellt ist, können Sie überprüfen, ob Ihr Datenverkehr richtig weitergeleitet wird, indem Sie Ihre IP-Adresse bei Google nachschlagen. Sie sollten „Ihre öffentliche IP-Adresse ist ‚Ihre VPN-Server-IP'" sehen.

Wenn beim Verbindungsversuch eine Fehlermeldung auftritt, lesen Sie Abschnitt 7.3 „IKEv1-Fehlerbehebung".

6.3 Android

Wichtig: Android-Benutzer sollten stattdessen den sichereren IKEv2-Modus verwenden (empfohlen). Weitere Einzelheiten finden Sie in Abschnitt 3.2. Android 12+ unterstützt nur den IKEv2-Modus. Der native VPN-Client in Android verwendet das weniger sichere modp1024 (DH-Gruppe 2) für die Modi IPsec/L2TP und IPsec/XAuth („Cisco IPsec").

Wenn Sie dennoch eine Verbindung im IPsec/XAuth-Modus herstellen möchten, müssen Sie zunächst `/etc/ipsec.conf` auf dem VPN-Server bearbeiten. Suchen Sie die Zeile `ike=...` und hängen Sie am Ende `,aes256-sha2;modp1024,aes128-sha1;modp1024` an. Speichern Sie die Datei und führen Sie `service ipsec restart` aus.

Docker-Benutzer: Fügen Sie Ihrer Umgebungsdatei `VPN_ENABLE_MODP1024=yes` hinzu und erstellen Sie dann den Docker-Container neu.

Führen Sie anschließend die folgenden Schritte auf Ihrem Android-Gerät aus:

1. Starten Sie die Anwendung **Einstellungen**.
2. Tippen Sie auf „Netzwerk & Internet". Oder tippen Sie bei Verwendung von Android 7 oder älter im Abschnitt **Drahtlos & Netzwerke** auf **Mehr...**.
3. Tippen Sie auf **VPN**.
4. Tippen Sie oben rechts auf dem Bildschirm auf **VPN-Profil hinzufügen** oder das +-Symbol.
5. Geben Sie im Feld **Name** einen beliebigen Namen ein.
6. Wählen Sie **IPSec Xauth PSK** im Dropdown-Menü **Typ**.
7. Geben Sie „Ihre VPN-Server-IP" in das Feld **Serveradresse** ein.
8. Lassen Sie das Feld **IPSec-ID** leer.
9. Geben Sie „Ihren VPN IPsec PSK" in das Feld **Vorinstallierter IPSec-Schlüssel** ein.
10. Tippen Sie auf **Speichern**.
11. Tippen Sie auf die neue VPN-Verbindung.
12. Geben Sie „Ihren VPN-Benutzernamen" in das Feld **Nutzername** ein.
13. Geben Sie „Ihr VPN-Passwort" in das Feld **Passwort** ein.
14. Aktivieren Sie das Kontrollkästchen **Kontoinformationen speichern**.
15. Tippen Sie auf **Verbinden**.

Sobald die Verbindung hergestellt ist, wird in der Benachrichtigungsleiste ein VPN-Symbol angezeigt. Sie können überprüfen, ob Ihr Datenverkehr richtig weitergeleitet wird, indem Sie Ihre IP-Adresse bei Google nachschlagen. Sie sollten „Ihre öffentliche IP-Adresse ist ‚Ihre VPN-Server-IP'" sehen.

Wenn beim Verbindungsversuch eine Fehlermeldung auftritt, lesen Sie Abschnitt 7.3 „IKEv1-Fehlerbehebung".

6.4 iOS

Sie können auch im IKEv2- (empfohlen) oder IPsec/L2TP-Modus eine Verbindung herstellen.

1. Gehen Sie zu Einstellungen → Allgemein → VPN.
2. Tippen Sie auf **VPN-Konfiguration hinzufügen...**.
3. Tippen Sie auf **Typ**. Wählen Sie **IPSec** und gehen Sie zurück.
4. Tippen Sie auf **Beschreibung** und geben Sie alles ein, was Sie möchten.
5. Tippen Sie auf **Server** und geben Sie „Ihre VPN-Server-IP" ein.
6. Tippen Sie auf **Account** und geben Sie „Ihren VPN-Benutzernamen" ein.
7. Tippen Sie auf **Passwort** und geben Sie „Ihr VPN-Passwort" ein.
8. Lassen Sie das Feld **Gruppenname** leer.
9. Tippen Sie auf **Shared Secret** und geben Sie „Ihr VPN IPsec PSK" ein.
10. Tippen Sie auf **Fertig**.
11. Schieben Sie den **VPN**-Schalter auf EIN.

Sobald die Verbindung hergestellt ist, wird in der Statusleiste ein VPN-Symbol angezeigt. Sie können überprüfen, ob Ihr Datenverkehr richtig weitergeleitet wird, indem Sie Ihre IP-Adresse bei Google nachschlagen. Sie sollten „Ihre öffentliche IP-Adresse ist ‚Ihre VPN-Server-IP'" sehen.

Wenn beim Verbindungsversuch eine Fehlermeldung auftritt, lesen Sie Abschnitt 7.3 „IKEv1-Fehlerbehebung".

6.5 Linux

Sie können auch im IKEv2-Modus eine Verbindung herstellen (empfohlen).

6.5.1 Fedora und CentOS

Benutzer von Fedora 28 (und neuer) und CentOS 8/7 können das Paket „NetworkManager-libreswan-gnome" mit „yum" installieren und dann den IPsec/XAuth-VPN-Client über die GUI konfigurieren.

1. Gehen Sie zu Einstellungen → Netzwerk → VPN. Klicken Sie auf die Schaltfläche +.
2. Wählen Sie **IPsec-basiertes VPN**.
3. Geben Sie im Feld **Name** einen beliebigen Namen ein.
4. Geben Sie „Ihre VPN-Server-IP" für das **Gateway** ein.
5. Wählen Sie **IKEv1 (XAUTH)** im Dropdown-Menü **Typ**.
6. Geben Sie als **Benutzernamen** ‚Ihren VPN-Benutzernamen' ein.
7. Klicken Sie mit der rechten Maustaste auf **?** im Feld **Benutzerkennwort** und wählen Sie **Kennwort nur für diesen Benutzer speichern**.
8. Geben Sie als **Benutzerkennwort** ‚Ihr VPN-Passwort' ein.
9. Lassen Sie das Feld **Gruppenname** leer.
10. Klicken Sie mit der rechten Maustaste auf das **?** im Feld **Geheim** und wählen Sie **Passwort nur für diesen Benutzer speichern**.
11. Geben Sie als **Geheimnis** ‚Ihr VPN IPsec PSK' ein.
12. Lassen Sie das Feld **Remote-ID** leer.
13. Klicken Sie auf **Hinzufügen**, um die VPN-Verbindungsinformationen zu speichern.
14. Schalten Sie den **VPN**-Schalter EIN.

Sobald die Verbindung hergestellt ist, können Sie überprüfen, ob Ihr Datenverkehr richtig weitergeleitet wird, indem Sie Ihre IP-Adresse bei Google nachschlagen. Sie sollten „Ihre öffentliche IP-Adresse ist ‚Ihre VPN-Server-IP'" sehen.

6.5.2 Anderes Linux

Andere Linux-Benutzer können im IPsec/L2TP-Modus eine Verbindung herstellen.

7 IPsec-VPN: Fehlerbehebung

7.1 Überprüfen Sie Protokolle und VPN-Status

Die folgenden Befehle müssen als „root" (oder mit „sudo") ausgeführt werden.

Starten Sie zunächst die Dienste auf dem VPN-Server neu:

```
service ipsec restart
service xl2tpd restart
```

Docker-Benutzer: Führen Sie „docker restart ipsec-vpn-server" aus.

Starten Sie dann Ihr VPN-Clientgerät neu und versuchen Sie die Verbindung erneut. Wenn die Verbindung immer noch nicht hergestellt werden kann, versuchen Sie, die VPN-Verbindung zu entfernen und neu zu erstellen. Stellen Sie sicher, dass die VPN-Serveradresse und die VPN-Anmeldeinformationen korrekt eingegeben wurden.

Öffnen Sie bei Servern mit einer externen Firewall (z. B. EC2/GCE) die UDP-Ports 500 und 4500 für das VPN.

Überprüfen Sie die Libreswan- (IPsec) und xl2tpd-Protokolle auf Fehler:

```
# Ubuntu und Debian
grep pluto /var/log/auth.log
grep xl2tpd /var/log/syslog


# CentOS/RHEL, Rocky Linux, AlmaLinux,
# Oracle Linux und Amazon Linux 2
grep pluto /var/log/secure
grep xl2tpd /var/log/messages


# Alpine Linux
grep pluto /var/log/messages
grep xl2tpd /var/log/messages
```

Überprüfen Sie den Status des IPsec-VPN-Servers:

```
ipsec status
```

Aktuell bestehende VPN-Verbindungen anzeigen:

```
ipsec trafficstatus
```

7.2 IKEv2-Fehlerbehebung

Siehe auch: 7.1 Protokolle und VPN-Status prüfen, 7.3 IKEv1-Fehlerbehebung und Kapitel 8, IPsec-VPN: Erweiterte Nutzung.

7.2.1 Es kann keine Verbindung zum VPN-Server hergestellt werden

Stellen Sie zunächst sicher, dass die auf Ihrem VPN-Clientgerät angegebene VPN-Serveradresse **genau mit** der Serveradresse in der Ausgabe des IKEv2-Hilfsskripts übereinstimmt. Sie können beispielsweise keinen DNS-Namen zum Herstellen einer Verbindung verwenden, wenn dieser beim Einrichten von IKEv2 nicht angegeben wurde. Informationen zum Ändern der IKEv2-Serveradresse finden Sie in Abschnitt 3.4 IKEv2-Serveradresse ändern.

Öffnen Sie bei Servern mit einer externen Firewall (z. B. EC2/GCE) die UDP-Ports 500 und 4500 für das VPN.

Überprüfen Sie Protokolle und VPN-Status auf Fehler (siehe Abschnitt 7.1). Wenn bei der erneuten Übertragung Fehler auftreten und keine Verbindung hergestellt werden kann, liegen möglicherweise Netzwerkprobleme zwischen dem VPN-Client und dem Server vor.

7.2.2 Es können nicht mehrere IKEv2-Clients verbunden werden

Um mehrere IKEv2-Clients gleichzeitig hinter demselben NAT (z. B. Heimrouter) zu verbinden, müssen Sie für jeden Client ein eindeutiges Zertifikat generieren. Andernfalls kann es passieren, dass ein später verbundener Client die VPN-Verbindung eines vorhandenen Clients beeinträchtigt, wodurch dieser möglicherweise den Internetzugang verliert.

Um Zertifikate für zusätzliche IKEv2-Clients zu generieren, führen Sie das Hilfsskript mit der Option „--addclient" aus. Um Clientoptionen anzupassen, führen Sie das Skript ohne Argumente aus.

```
sudo ikev2.sh --addclient [Client-Name]
```

7.2.3   IKE-Authentifizierungsdaten   werden   nicht akzeptiert

Wenn dieser Fehler auftritt, stellen Sie sicher, dass die auf Ihrem VPN-Clientgerät angegebene VPN-Serveradresse **genau mit** der Serveradresse in der Ausgabe des IKEv2-Hilfsskripts übereinstimmt. Sie können beispielsweise keinen DNS-Namen zum Herstellen einer Verbindung verwenden, wenn dieser beim Einrichten von IKEv2 nicht angegeben wurde. Informationen zum Ändern der IKEv2-Serveradresse finden Sie in Abschnitt 3.4 IKEv2-Serveradresse ändern.

7.2.4 Fehler bei der Richtlinienübereinstimmung

Um diesen Fehler zu beheben, müssen Sie mit einer einmaligen Registrierungsänderung stärkere Verschlüsselungen für IKEv2 aktivieren. Führen Sie Folgendes von einer Eingabeaufforderung mit erhöhten Rechten aus.

- Für Windows 7, 8, 10 und 11+

```
REG ADD HKLM\SYSTEM\CurrentControlSet\Services\RasMan\Parameters ^
 /v NegotiateDH2048_AES256 /t REG_DWORD /d 0x1 /f
```

7.2.5 Parameter ist falsch

Wenn beim Verbindungsversuch im IKEv2-Modus die Meldung „Fehler 87: Der Parameter ist falsch" angezeigt wird, versuchen Sie es mit den Lösungen unter: https://github.com/trailofbits/algo/issues/1051, genauer gesagt mit Schritt 2 „Geräte-Manager-Adapter zurücksetzen".

7.2.6 Websites können nach der Verbindung mit IKEv2 nicht geöffnet werden

Wenn Ihr VPN-Clientgerät nach erfolgreicher Verbindung mit IKEv2 keine Websites öffnen kann, versuchen Sie die folgenden Fehlerbehebungen:

1. Einige Cloud-Anbieter, wie z. B. Google Cloud, legen standardmäßig eine niedrigere MTU fest. Dies kann zu Netzwerkproblemen mit IKEv2-VPN-Clients führen. Um das Problem zu beheben, versuchen Sie, die MTU auf dem VPN-Server auf 1500 einzustellen:

```
# Ersetzen Sie ens4 durch den Namen der Netzwerkschnittstelle
# auf Ihrem Server
sudo ifconfig ens4 mtu 1500
```

Diese Einstellung bleibt nach einem Neustart **nicht** bestehen. Informationen zum dauerhaften Ändern der MTU-Größe finden Sie in den entsprechenden Artikeln im Internet.

2. Wenn Ihr Android- oder Linux-VPN-Client im IKEv2-Modus eine Verbindung herstellen kann, aber keine Websites öffnen kann, versuchen Sie die Lösung in Abschnitt 7.3.6 „Android/Linux MTU/MSS-Probleme".

3. Windows VPN-Clients verwenden nach der Verbindung möglicherweise nicht die von IKEv2 angegebenen DNS-Server, wenn die konfigurierten DNS-Server des Clients auf dem Internetadapter aus dem lokalen Netzwerksegment stammen. Dies kann behoben werden, indem DNS-Server wie Google Public DNS (8.8.8.8, 8.8.4.4) manuell in den Netzwerkschnittstelleneigenschaften → TCP/IPv4 eingegeben werden. Weitere Informationen finden Sie im Abschnitt 7.3.5 Windows DNS-Lecks und IPv6.

7.2.7 Windows 10 verbindet

Wenn Sie Windows 10 verwenden und die VPN-Verbindung länger als ein paar Minuten nicht mehr hergestellt werden kann, versuchen Sie die folgenden Schritte:

1. Klicken Sie mit der rechten Maustaste auf das Wireless-/Netzwerksymbol in Ihrer Taskleiste.
2. Wählen Sie **Netzwerk- und Interneteinstellungen öffnen** und klicken Sie dann auf der sich öffnenden Seite links auf **VPN**.
3. Wählen Sie den neuen VPN-Eintrag aus und klicken Sie dann auf **Verbinden**.

7.2.8 Andere bekannte Probleme

Der integrierte VPN-Client in Windows unterstützt möglicherweise keine IKEv2-Fragmentierung (diese Funktion erfordert Windows 10 v1803 oder neuer). In einigen Netzwerken kann dies dazu führen, dass die Verbindung fehlschlägt oder andere Probleme auftreten. Sie können stattdessen den IPsec/L2TP- oder IPsec/XAuth-Modus ausprobieren.

7.3 IKEv1-Fehlerbehebung

Siehe auch: 7.1 Protokolle und VPN-Status prüfen, 7.2 IKEv2-Fehlerbehebung und Kapitel 8, IPsec-VPN: Erweiterte Nutzung.

7.3.1 Windows-Fehler 809

> Fehler 809: Die Netzwerkverbindung zwischen Ihrem Computer und dem VPN-Server konnte nicht hergestellt werden, weil der Remoteserver nicht antwortet. Dieses Problem könnte dadurch verursacht werden, dass eines der Netzwerkgeräte (z. B. Firewalls, NAT, Router, etc.) zwischen Ihrem Computer und dem Remoteserver nicht darauf konfiguriert ist, VPN-Verbindungen zuzulassen. Wenden Sie sich an Ihren Administrator oder Dienstanbieter, um zu ermitteln, welches Gerät das Problem verursachen könnte.

Hinweis: Die folgende Registrierungsänderung ist nur erforderlich, wenn Sie den IPsec/L2TP-Modus verwenden, um eine Verbindung zum VPN herzustellen. Für die Modi IKEv2 und IPsec/XAuth ist sie NICHT erforderlich.

Um diesen Fehler zu beheben, ist eine einmalige Registrierungsänderung erforderlich, da sich der VPN-Server und/oder -Client hinter NAT befindet (z. B. Heimrouter). Führen Sie Folgendes von einer Eingabeaufforderung mit erhöhten Rechten aus. **Sie müssen Ihren PC nach Abschluss neu starten.**

- Für Windows Vista, 7, 8, 10 und 11+

```
REG ADD HKLM\SYSTEM\CurrentControlSet\Services\PolicyAgent ^
  /v AssumeUDPEncapsulationContextOnSendRule /t REG_DWORD ^
  /d 0x2 /f
```

- NUR für Windows XP

```
REG ADD HKLM\SYSTEM\CurrentControlSet\Services\IPSec ^
  /v AssumeUDPEncapsulationContextOnSendRule /t REG_DWORD ^
  /d 0x2 /f
```

Obwohl es selten vorkommt, deaktivieren einige Windows-Systeme die IPsec-Verschlüsselung, wodurch die Verbindung fehlschlägt. Um sie wieder zu aktivieren, führen Sie den folgenden Befehl aus und starten Sie Ihren PC neu.

- Für Windows XP, Vista, 7, 8, 10 und 11+

```
REG ADD HKLM\SYSTEM\CurrentControlSet\Services\RasMan\Parameters ^
  /v ProhibitIpSec /t REG_DWORD /d 0x0 /f
```

7.3.2 Windows-Fehler 789 oder 691

Fehler 789: Der L2TP-Verbindungsversuch Fehler da die ein Verarbeitungsfehler während der ersten Sicherheitsaushandlung mit dem Remotecomputer aufgetreten ist.

Fehler 691: Die Remoteverbindung wurde verweigert, weil die von Ihnen angegebene Kombination aus Benutzername und Kennwort nicht erkannt wird oder das ausgewählte Authentifizierungsprotokoll auf dem RAS-Server nicht zulässig ist.

Informationen zur Fehlerbehebung bei Fehler 789 finden Sie unter: https://documentation.meraki.com/MX/Client_VPN/Troubleshooting_Clie nt_VPN#Windows_Error_789

Bei Fehler 691 können Sie versuchen, die VPN-Verbindung zu entfernen und neu zu erstellen. Stellen Sie sicher, dass die VPN-Anmeldeinformationen korrekt eingegeben wurden.

7.3.3 Windows-Fehler 628 oder 766

> Fehler 628: Die Verbindung wurde vom Remotecomputer beendet, bevor sie abgeschlossen werden konnte.

> Fehler 766: Es konnte kein Zertifikat gefunden werden. Verbindungen, die das L2TP-Protokoll über IPsec verwenden, erfordern die Installation eines Computerzertifikats.

Um diese Fehler zu beheben, befolgen Sie bitte diese Schritte:

1. Klicken Sie mit der rechten Maustaste auf das Wireless-/Netzwerksymbol in Ihrer Taskleiste.
2. **Windows 11+:** Wählen Sie **Netzwerk- und Interneteinstellungen** und klicken Sie dann auf der sich öffnenden Seite auf **Erweiterte Netzwerkeinstellungen**. Klicken Sie auf **Weitere Netzwerkadapteroptionen**.
   Windows 10: Wählen Sie **Netzwerk- und Interneteinstellungen öffnen** und klicken Sie dann auf der sich öffnenden Seite auf **Netzwerk- und Freigabecenter**. Klicken Sie links auf **Adaptereinstellungen ändern**.
   Windows 8/7: Wählen Sie **Netzwerk- und Freigabecenter öffnen**. Klicken Sie links auf **Adaptereinstellungen ändern**.
3. Klicken Sie mit der rechten Maustaste auf die neue VPN-Verbindung und wählen Sie **Eigenschaften**.
4. Klicken Sie auf die Registerkarte **Sicherheit**. Wählen Sie bei **VPN-Typ** „Layer-2-Tunneling-Protokoll mit IPsec (L2TP/IPSec)" aus.
5. Klicken Sie auf **Folgende Protokolle zulassen**. Aktivieren Sie die Kontrollkästchen „Challenge Handshake Authentication-Protokoll (CHAP)" und „Microsoft CHAP Version 2 (MS-CHAP v2)".
6. Klicken Sie auf die Schaltfläche **Erweiterte Einstellungen**.

7. Wählen Sie **Vorinstallierten Schlüssel für Authentifizierung verwenden** und geben Sie als **Schlüssel** ‚Ihr VPN IPsec PSK' ein.
8. Klicken Sie auf **OK**, um die **Erweiterten Einstellungen** zu schließen.
9. Klicken Sie auf **OK**, um die VPN-Verbindungsdetails zu speichern.

7.3.4 Windows 10/11-Upgrades

Nach dem Upgrade der Windows 10/11-Version (z. B. von 21H2 auf 22H2) müssen Sie möglicherweise den Fix in Abschnitt 7.3.1 für den Windows-Fehler 809 erneut anwenden und einen Neustart durchführen.

7.3.5 Windows DNS-Lecks und IPv6

Windows 8, 10 und 11+ verwenden standardmäßig „Smart Multi-Homed Name Resolution", was bei Verwendung des nativen IPsec-VPN-Clients zu „DNS-Lecks" führen kann, wenn Ihre DNS-Server auf dem Internetadapter aus dem lokalen Netzwerksegment stammen. Um das Problem zu beheben, können Sie entweder die Smart Multi-Homed Name Resolution deaktivieren (https://www.neowin.net/news/guide-prevent-dns-leakage-while-using-a-vpn-on-windows-10-and-windows-8/) oder Ihren Internetadapter so konfigurieren, dass er DNS-Server außerhalb Ihres lokalen Netzwerks verwendet (z. B. 8.8.8.8 und 8.8.4.4). Wenn Sie fertig sind, leeren Sie den DNS-Cache (https://support.opendns.com/hc/en-us/articles/227988627-How-to-clear-the-DNS-Cache-) und starten Sie Ihren PC neu.

Wenn auf Ihrem Computer IPv6 aktiviert ist, umgeht außerdem der gesamte IPv6-Verkehr (einschließlich DNS-Abfragen) das VPN. Erfahren Sie, wie Sie IPv6 in Windows deaktivieren (https://support.microsoft.com/en-us/help/929852/guidance-for-configuring-ipv6-in-windows-for-advanced-users). Wenn Sie ein VPN mit IPv6-Unterstützung benötigen, können Sie stattdessen OpenVPN ausprobieren. Weitere Einzelheiten finden Sie in Kapitel 13.

7.3.6 Android/Linux MTU/MSS-Probleme

Einige Android-Geräte und Linux-Systeme haben MTU/MSS-Probleme, d. h. sie können zwar über IPsec/XAuth („Cisco IPsec") oder IKEv2-Modus eine Verbindung zum VPN herstellen, können aber keine Websites öffnen. Wenn

dieses Problem auftritt, versuchen Sie, die folgenden Befehle auf dem VPN-
Server auszuführen. Wenn dies erfolgreich ist, können Sie diese Befehle zu
/etc/rc.local hinzufügen, damit sie nach dem Neustart bestehen bleiben.

```
iptables -t mangle -A FORWARD -m policy --pol ipsec --dir in \
  -p tcp -m tcp --tcp-flags SYN,RST SYN -m tcpmss \
  --mss 1361:1536 -j TCPMSS --set-mss 1360
iptables -t mangle -A FORWARD -m policy --pol ipsec --dir out \
  -p tcp -m tcp --tcp-flags SYN,RST SYN -m tcpmss \
  --mss 1361:1536 -j TCPMSS --set-mss 1360


echo 1 > /proc/sys/net/ipv4/ip_no_pmtu_disc
```

Docker-Benutzer: Anstatt die obigen Befehle auszuführen, können Sie
diesen Fix anwenden, indem Sie „VPN_ANDROID_MTU_FIX=yes" zu Ihrer
Umgebungsdatei hinzufügen und dann den Docker-Container neu erstellen.

7.3.7 macOS sendet Datenverkehr über VPN

macOS-Benutzer: Wenn Sie sich erfolgreich im IPsec/L2TP-Modus
verbinden können, Ihre öffentliche IP-Adresse aber nicht als „Ihre VPN-
Server-IP" angezeigt wird, lesen Sie den macOS-Abschnitt in Kapitel 5,
„IPsec/L2TP-VPN-Clients konfigurieren", und führen Sie die folgenden
Schritte aus. Speichern Sie die VPN-Konfiguration und stellen Sie die
Verbindung erneut her.

Für macOS 13 (Ventura) und neuer:

1. Klicken Sie auf die Registerkarte **Optionen** und stellen Sie sicher, dass
   der Schalter **Gesamten Verkehr über die VPN-Verbindung
   senden** aktiviert ist.
2. Klicken Sie auf die Registerkarte **TCP/IP** und wählen Sie **Nur Link-
   Local** aus dem Dropdown-Menü **IPv6 konfigurieren**.

Für macOS 12 (Monterey) und älter:

1. Klicken Sie auf die Schaltfläche **Erweitert** und stellen Sie sicher, dass
   das Kontrollkästchen **Gesamten Verkehr über die VPN-
   Verbindung senden** aktiviert ist.

2. Klicken Sie auf die Registerkarte **TCP/IP** und stellen Sie sicher, dass im Abschnitt **IPv6 konfigurieren** die Option **Nur Link-Local** ausgewählt ist.

Wenn Ihr Computer nach dem Ausführen der oben genannten Schritte immer noch keinen Datenverkehr über das VPN sendet, überprüfen Sie die Servicereihenfolge. Wählen Sie auf dem Hauptbildschirm der Netzwerkeinstellungen im Dropdown-Menü unter der Liste der Verbindungen „Servicereihenfolge festlegen" aus. Ziehen Sie die VPN-Verbindung nach oben.

7.3.8 iOS/Android-Ruhemodus

Um Akku zu sparen, trennen iOS-Geräte (iPhone/iPad) die WLAN-Verbindung automatisch, kurz nachdem der Bildschirm ausgeschaltet wird (Ruhemodus). Infolgedessen wird die Verbindung zum IPsec-VPN getrennt. Dieses Verhalten ist beabsichtigt und kann nicht konfiguriert werden.

Wenn Sie möchten, dass das VPN automatisch wieder verbunden wird, wenn das Gerät aufwacht, können Sie die Verbindung im IKEv2-Modus herstellen (empfohlen) und die Funktion „VPN On Demand" aktivieren. Alternativ können Sie OpenVPN ausprobieren, das Optionen wie „Wiederverbindung beim Aufwachen" und „Seamless Tunnel" unterstützt. Weitere Einzelheiten finden Sie in Kapitel 13.

Android-Geräte können auch die WLAN-Verbindung trennen, nachdem sie in den Ruhemodus gewechselt sind. Sie können versuchen, die Option „Always-on VPN" zu aktivieren, um verbunden zu bleiben. Weitere Informationen finden Sie unter:
https://support.google.com/android/answer/9089766

7.3.9 Debian-Kernel

Debian-Benutzer: Führen Sie uname -r aus, um die Linux-Kernel-Version Ihres Servers zu überprüfen. Wenn sie das Wort „Cloud" enthält und /dev/ppp fehlt, fehlt dem Kernel die ppp-Unterstützung und er kann den IPsec/L2TP-Modus nicht verwenden. Die VPN-Setup-Skripte versuchen dies zu erkennen und zeigen eine Warnung an. In diesem Fall können Sie stattdessen den IKEv2- oder IPsec/XAuth-Modus verwenden, um eine Verbindung zum VPN herzustellen.

Um das Problem mit dem IPsec/L2TP-Modus zu beheben, können Sie zum Standard-Linux-Kernel wechseln, indem Sie beispielsweise das Paket „linux-image-amd64" installieren. Aktualisieren Sie dann den Standardkernel in GRUB und starten Sie Ihren Server neu.

8 IPsec VPN: Erweiterte Nutzung

8.1 Alternative DNS-Server verwenden

Standardmäßig verwenden Clients Google Public DNS, wenn das VPN aktiv ist. Wenn ein anderer DNS-Anbieter bevorzugt wird, können Sie `8.8.8.8` und `8.8.4.4` in diesen Dateien ersetzen: `/etc/ppp/options.xl2tpd`, `/etc/ipsec.conf` und `/etc/ipsec.d/ikev2.conf` (falls vorhanden). Führen Sie dann `service ipsec restart` und `service xl2tpd restart` aus.

Fortgeschrittene Benutzer können beim Ausführen des VPN-Setup-Skripts „VPN_DNS_SRV1" und optional „VPN_DNS_SRV2" definieren. Weitere Einzelheiten und eine Liste einiger beliebter öffentlicher DNS-Anbieter finden Sie im Abschnitt 2.8 „VPN-Optionen anpassen".

Es ist möglich, für bestimmte IKEv2-Clients unterschiedliche DNS-Server einzurichten. Für diesen Anwendungsfall siehe: https://github.com/hwdsl2/setup-ipsec-vpn/issues/1562

Unter bestimmten Umständen möchten Sie möglicherweise, dass VPN-Clients die angegebenen DNS-Server nur zum Auflösen interner Domänennamen verwenden und ihre lokal konfigurierten DNS-Server zum Auflösen aller anderen Domänennamen verwenden. Dies kann mit der Option „modecfgdomains" konfiguriert werden, z. B. „modecfgdomains="internal.example.com, home"". Fügen Sie diese Option für IKEv2 zum Abschnitt „conn ikev2-cp" in „/etc/ipsec.d/ikev2.conf" und für IPsec/XAuth („Cisco IPsec") zum Abschnitt „conn xauth-psk" in „/etc/ipsec.conf" hinzu. Führen Sie dann „service ipsec restart" aus. Der IPsec/L2TP-Modus unterstützt diese Option nicht.

8.2 DNS-Name und Server-IP-Änderungen

Für die Modi IPsec/L2TP und IPsec/XAuth („Cisco IPsec") können Sie einen DNS-Namen (z. B. „vpn.example.com") anstelle einer IP-Adresse verwenden, um eine Verbindung zum VPN-Server herzustellen, ohne dass zusätzliche Konfiguration erforderlich ist. Darüber hinaus sollte das VPN im

Allgemeinen auch nach Änderungen der Server-IP weiterhin funktionieren, z. B. nach der Wiederherstellung eines Snapshots auf einem neuen Server mit einer anderen IP, obwohl möglicherweise ein Neustart erforderlich ist.

Wenn Sie im IKEv2-Modus möchten, dass das VPN auch nach Änderungen der Server-IP weiterhin funktioniert, lesen Sie Abschnitt 3.4 IKEv2-Serveradresse ändern. Alternativ können Sie beim Einrichten von IKEv2 einen DNS-Namen für die IKEv2-Serveradresse angeben. Der DNS-Name muss ein vollqualifizierter Domänenname (FQDN) sein. Beispiel:

```
sudo VPN_DNS_NAME='vpn.example.com' ikev2.sh --auto
```

Alternativ können Sie IKEv2-Optionen anpassen, indem Sie das Hilfsskript ohne den Parameter „--auto" ausführen.

8.3 Nur IKEv2-VPN

Mit Libreswan 4.2 oder neuer können fortgeschrittene Benutzer den Nur-IKEv2-Modus auf dem VPN-Server aktivieren. Wenn der Nur-IKEv2-Modus aktiviert ist, können VPN-Clients nur über IKEv2 eine Verbindung zum VPN-Server herstellen. Alle IKEv1-Verbindungen (einschließlich der Modi IPsec/L2TP und IPsec/XAuth („Cisco IPsec")) werden getrennt.

Um den Nur-IKEv2-Modus zu aktivieren, installieren Sie zuerst den VPN-Server und richten Sie IKEv2 ein. Führen Sie dann das Hilfsskript aus und folgen Sie den Anweisungen.

```
wget https://get.vpnsetup.net/ikev2only -O ikev2only.sh
sudo bash ikev2only.sh
```

Um den Nur-IKEv2-Modus zu deaktivieren, führen Sie das Hilfsskript erneut aus und wählen Sie die entsprechende Option aus.

8.4 Interne VPN-IPs und Datenverkehr

Bei einer Verbindung im IPsec/L2TP-Modus hat der VPN-Server die interne IP 192.168.42.1 innerhalb des VPN-Subnetzes 192.168.42.0/24. Den Clients werden interne IPs von 192.168.42.10 bis 192.168.42.250

zugewiesen. Um zu überprüfen, welche IP einem Client zugewiesen ist, sehen Sie sich den Verbindungsstatus auf dem VPN-Client an.

Bei einer Verbindung im IPsec/XAuth-Modus („Cisco IPsec") oder im IKEv2-Modus verfügt der VPN-Server NICHT über eine interne IP innerhalb des VPN-Subnetzes „192.168.43.0/24". Den Clients werden interne IPs von „192.168.43.10" bis „192.168.43.250" zugewiesen.

Sie können diese internen VPN-IPs zur Kommunikation verwenden. Beachten Sie jedoch, dass die VPN-Clients zugewiesenen IPs dynamisch sind und Firewalls auf Clientgeräten diesen Datenverkehr blockieren können.

Fortgeschrittene Benutzer können VPN-Clients optional statische IPs zuweisen. Einzelheiten finden Sie unten.

▼ IPsec/L2TP-Modus: Weisen Sie VPN-Clients statische IPs zu.

Das folgende Beispiel gilt **NUR** für den IPsec/L2TP-Modus. Befehle müssen als „root" ausgeführt werden.

1. Erstellen Sie zunächst für jeden VPN-Client, dem Sie eine statische IP zuweisen möchten, einen neuen VPN-Benutzer. Weitere Informationen finden Sie in Kapitel 9, IPsec VPN: VPN-Benutzer verwalten. Zur Vereinfachung sind Hilfsskripte enthalten.

2. Bearbeiten Sie `/etc/xl2tpd/xl2tpd.conf` auf dem VPN-Server. Ersetzen Sie `ip range = 192.168.42.10–192.168.42.250` durch z. B. `ip range = 192.168.42.100–192.168.42.250`. Dadurch wird der Pool automatisch zugewiesener IP-Adressen reduziert, sodass mehr IPs verfügbar sind, die den Clients als statische IPs zugewiesen werden können.

3. Bearbeiten Sie `/etc/ppp/chap–secrets` auf dem VPN-Server. Wenn die Datei beispielsweise Folgendes enthält:

```
"username1"  l2tpd  "password1"  *
"username2"  l2tpd  "password2"  *
"username3"  l2tpd  "password3"  *
```

Nehmen wir an, Sie möchten dem VPN-Benutzer „username2" die statische IP „192.168.42.2" zuweisen, dem VPN-Benutzer „username3" die statische IP „192.168.42.3" zuweisen und „username1" unverändert lassen (automatische Zuweisung aus dem Pool). Nach der Bearbeitung sollte die Datei folgendermaßen aussehen:

```
"username1"  l2tpd  "password1"  *
"username2"  l2tpd  "password2"  192.168.42.2
"username3"  l2tpd  "password3"  192.168.42.3
```

Hinweis: Die zugewiesenen statischen IPs müssen aus dem Subnetz „192.168.42.0/24" stammen und dürfen NICHT aus dem Pool der automatisch zugewiesenen IPs stammen (siehe „IP-Bereich" oben). Darüber hinaus ist „192.168.42.1" für den VPN-Server selbst reserviert. Im obigen Beispiel können Sie nur statische IPs aus dem Bereich „192.168.42.2-192.168.42.99" zuweisen.

4. **(Wichtig)** Starten Sie den xl2tpd-Dienst neu:

```
service xl2tpd restart
```

▼ IPsec/XAuth-Modus („Cisco IPsec"): Weisen Sie VPN-Clients statische IPs zu.

Das folgende Beispiel gilt **NUR** für den IPsec/XAuth-Modus („Cisco IPsec"). Befehle müssen als „root" ausgeführt werden.

1. Erstellen Sie zunächst für jeden VPN-Client, dem Sie eine statische IP zuweisen möchten, einen neuen VPN-Benutzer. Weitere Informationen finden Sie in Kapitel 9, IPsec VPN: VPN-Benutzer verwalten. Zur Vereinfachung sind Hilfsskripte enthalten.

2. Bearbeiten Sie `/etc/ipsec.conf` auf dem VPN-Server. Ersetzen Sie `rightaddresspool=192.168.43.10–192.168.43.250` durch z. B. `rightaddresspool=192.168.43.100–192.168.43.250`. Dadurch wird der Pool automatisch zugewiesener IP-Adressen reduziert, sodass mehr IPs verfügbar sind, die den Clients als statische IPs zugewiesen werden können.

3. Bearbeiten Sie `/etc/ipsec.d/ikev2.conf` auf dem VPN-Server (falls vorhanden). Ersetzen Sie `rightaddresspool=192.168.43.10–192.168.43.250` durch den **gleichen Wert** wie im vorherigen Schritt.

4. Bearbeiten Sie /etc/ipsec.d/passwd auf dem VPN-Server. Wenn die Datei beispielsweise Folgendes enthält:

```
username1:password1hashed:xauth-psk
username2:password2hashed:xauth-psk
username3:password3hashed:xauth-psk
```

Nehmen wir an, Sie möchten dem VPN-Benutzer „username2" die statische IP „192.168.43.2" zuweisen, dem VPN-Benutzer „username3" die statische IP „192.168.43.3" zuweisen und „username1" unverändert lassen (automatische Zuweisung aus dem Pool). Nach der Bearbeitung sollte die Datei folgendermaßen aussehen:

```
username1:password1hashed:xauth-psk
username2:password2hashed:xauth-psk:192.168.42.2
username3:password3hashed:xauth-psk:192.168.42.3
```

Hinweis: Die zugewiesenen statischen IPs müssen aus dem Subnetz 192.168.43.0/24 stammen und dürfen NICHT aus dem Pool der automatisch zugewiesenen IPs stammen (siehe rightaddresspool oben). Im obigen Beispiel können Sie nur statische IPs aus dem Bereich 192.168.43.1–192.168.43.99 zuweisen.

5. **(Wichtig)** Starten Sie den IPsec-Dienst neu:

```
service ipsec restart
```

▼ IKEv2-Modus: Weisen Sie VPN-Clients statische IPs zu.

Das folgende Beispiel gilt **NUR** für den IKEv2-Modus. Befehle müssen als „root" ausgeführt werden.

1. Erstellen Sie zunächst für jeden Client, dem Sie eine statische IP zuweisen möchten, ein neues IKEv2-Client-Zertifikat und notieren Sie sich den Namen jedes IKEv2-Clients. Siehe Abschnitt 3.3.1 Einen neuen IKEv2-Client hinzufügen.

2. Bearbeiten Sie /etc/ipsec.d/ikev2.conf auf dem VPN-Server. Ersetzen Sie rightaddresspool=192.168.43.10–192.168.43.250 durch z. B. rightaddresspool=192.168.43.100–192.168.43.250. Dadurch wird der

Pool automatisch zugewiesener IP-Adressen reduziert, sodass mehr IPs verfügbar sind, die den Clients als statische IPs zugewiesen werden können.

3. Bearbeiten Sie `/etc/ipsec.conf` auf dem VPN-Server. Ersetzen Sie `rightaddresspool=192.168.43.10-192.168.43.250` durch den **gleichen Wert** wie im vorherigen Schritt.

4. Bearbeiten Sie `/etc/ipsec.d/ikev2.conf` auf dem VPN-Server erneut. Wenn die Datei beispielsweise Folgendes enthält:

```
conn ikev2-cp
  left=%defaultroute
  ... ...
```

Nehmen wir an, Sie möchten dem IKEv2-Client „client1" die statische IP „192.168.43.4" zuweisen, dem Client „client2" die statische IP „192.168.43.5" zuweisen und die anderen Clients unverändert lassen (automatische Zuweisung aus dem Pool). Nach der Bearbeitung sollte die Datei folgendermaßen aussehen:

```
conn ikev2-cp
  left=%defaultroute
  ... ...

conn ikev2-shared
  # KOPIEREN Sie alles aus dem Abschnitt ikev2-cp, AUSSER:
  # rightid, rightaddresspool, auto=add

conn client1
  rightid=@client1
  rightaddresspool=192.168.43.4-192.168.43.4
  auto=add
  also=ikev2-shared

conn client2
  rightid=@client2
  rightaddresspool=192.168.43.5-192.168.43.5
```

```
auto=add
also=ikev2-shared
```

Hinweis: Fügen Sie für jeden Client, dem Sie eine statische IP zuweisen möchten, einen neuen Abschnitt „conn" hinzu. Sie müssen dem Clientnamen für „rightid=" ein „@"-Präfix hinzufügen. Der Clientname muss genau mit dem Namen übereinstimmen, den Sie beim Hinzufügen des neuen IKEv2-Clients angegeben haben. Die zugewiesenen statischen IPs müssen aus dem Subnetz „192.168.43.0/24" stammen und dürfen NICHT aus dem Pool der automatisch zugewiesenen IPs stammen (siehe „rightaddresspool" oben). Im obigen Beispiel können Sie nur statische IPs aus dem Bereich „192.168.43.1-192.168.43.99" zuweisen.

Hinweis: Für Windows 7/8/10/11- und RouterOS-Clients müssen Sie eine andere Syntax für `rightid=` verwenden. Wenn der Clientname beispielsweise `client1` lautet, legen Sie im obigen Beispiel `rightid="CN=client1, O=IKEv2 VPN"` fest.

5. **(Wichtig)** Starten Sie den IPsec-Dienst neu:

```
service ipsec restart
```

Client-zu-Client-Verkehr ist standardmäßig zulässig. Wenn Sie Client-zu-Client-Verkehr **nicht zulassen** möchten, führen Sie die folgenden Befehle auf dem VPN-Server aus. Fügen Sie sie zu `/etc/rc.local` hinzu, damit sie nach dem Neustart bestehen bleiben.

```
iptables -I FORWARD 2 -i ppp+ -o ppp+ -s 192.168.42.0/24 \
  -d 192.168.42.0/24 -j DROP
iptables -I FORWARD 3 -s 192.168.43.0/24 -d 192.168.43.0/24 \
  -j DROP
iptables -I FORWARD 4 -i ppp+ -d 192.168.43.0/24 -j DROP
iptables -I FORWARD 5 -s 192.168.43.0/24 -o ppp+ -j DROP
```

8.5 VPN-Subnetze anpassen

Standardmäßig verwenden IPsec/L2TP VPN-Clients das interne VPN-Subnetz 192.168.42.0/24, während IPsec/XAuth („Cisco IPsec") und IKEv2-VPN-Clients das interne VPN-Subnetz 192.168.43.0/24 verwenden. Weitere

Einzelheiten finden Sie im vorherigen Abschnitt.

Wichtig: Sie können benutzerdefinierte Subnetze nur **während der ersten VPN-Installation** angeben. Wenn das IPsec-VPN bereits installiert ist, **müssen** Sie das VPN zuerst deinstallieren (siehe Kapitel 10), dann benutzerdefinierte Subnetze angeben und es erneut installieren. Andernfalls funktioniert das VPN möglicherweise nicht mehr.

```
# Beispiel: Benutzerdefiniertes VPN-Subnetz für
#           den IPsec/L2TP-Modus angeben
# Hinweis: Alle drei Variablen müssen angegeben werden.
sudo VPN_L2TP_NET=10.1.0.0/16 \
VPN_L2TP_LOCAL=10.1.0.1 \
VPN_L2TP_POOL=10.1.0.10-10.1.254.254 \
sh vpn.sh

# Beispiel: Benutzerdefiniertes VPN-Subnetz für IPsec/XAuth-
#           und IKEv2-Modi angeben
# Hinweis: Beide Variablen müssen angegeben werden.
sudo VPN_XAUTH_NET=10.2.0.0/16 \
VPN_XAUTH_POOL=10.2.0.10-10.2.254.254 \
sh vpn.sh
```

In den obigen Beispielen ist „VPN_L2TP_LOCAL" die interne IP des VPN-Servers für den IPsec/L2TP-Modus. „VPN_L2TP_POOL" und „VPN_XAUTH_POOL" sind die Pools automatisch zugewiesener IP-Adressen für VPN-Clients.

8.6 Portweiterleitung an VPN-Clients

Unter bestimmten Umständen möchten Sie möglicherweise Ports auf dem VPN-Server an einen verbundenen VPN-Client weiterleiten. Dies können Sie durch Hinzufügen von IPTables-Regeln auf dem VPN-Server erreichen.

Warnung: Durch die Portweiterleitung werden Ports auf dem VPN-Client dem gesamten Internet zugänglich gemacht, was ein **Sicherheitsrisiko** darstellen kann! Dies wird NICHT empfohlen, es sei denn, Ihr Anwendungsfall erfordert es.

Hinweis: Die VPN-Clients zugewiesenen internen VPN-IPs sind dynamisch und Firewalls auf Client-Geräten können weitergeleiteten Datenverkehr blockieren. Informationen zum Zuweisen statischer IPs zu VPN-Clients finden Sie in Abschnitt 8.4 Interne VPN-IPs und Datenverkehr. Um zu überprüfen, welche IP einem Client zugewiesen ist, sehen Sie sich den Verbindungsstatus auf dem VPN-Client an.

Beispiel 1: Leiten Sie TCP-Port 443 auf dem VPN-Server an den IPsec/L2TP-Client unter „192.168.42.10" weiter.

```
# Standardnamen der Netzwerkschnittstelle abrufen
netif=$(ip -4 route list 0/0 | grep -m 1 -Po '(?<=dev )(\S+)')
iptables -I FORWARD 2 -i "$netif" -o ppp+ -p tcp --dport 443 \
  -j ACCEPT
iptables -t nat -A PREROUTING -i "$netif" -p tcp --dport 443 \
  -j DNAT --to 192.168.42.10
```

Beispiel 2: Leiten Sie UDP-Port 123 auf dem VPN-Server an den IKEv2-(oder IPsec/XAuth-)Client unter „192.168.43.10" weiter.

```
# Standardnamen der Netzwerkschnittstelle abrufen
netif=$(ip -4 route list 0/0 | grep -m 1 -Po '(?<=dev )(\S+)')
iptables -I FORWARD 2 -i "$netif" -d 192.168.43.0/24 \
  -p udp --dport 123 -j ACCEPT
iptables -t nat -A PREROUTING -i "$netif" ! -s 192.168.43.0/24 \
  -p udp --dport 123 -j DNAT --to 192.168.43.10
```

Wenn die Regeln nach dem Neustart bestehen bleiben sollen, können Sie diese Befehle zu /etc/rc.local hinzufügen. Um die hinzugefügten IPTables-Regeln zu entfernen, führen Sie die Befehle erneut aus, ersetzen Sie jedoch -I FORWARD 2 durch -D FORWARD und -A PREROUTING durch -D PREROUTING.

8.7 Split-Tunneling

Beim Split-Tunneling senden VPN-Clients nur Datenverkehr für ein bestimmtes Zielsubnetz durch den VPN-Tunnel. Anderer Datenverkehr wird NICHT durch den VPN-Tunnel geleitet. Auf diese Weise erhalten Sie über

Ihr VPN sicheren Zugriff auf ein Netzwerk, ohne den gesamten Datenverkehr Ihres Clients durch das VPN leiten zu müssen. Split-Tunneling hat einige Einschränkungen und wird nicht von allen VPN-Clients unterstützt.

Fortgeschrittene Benutzer können optional Split-Tunneling für die Modi IPsec/XAuth („Cisco IPsec") und/oder IKEv2 aktivieren. Der IPsec/L2TP-Modus unterstützt diese Funktion nicht (außer unter Windows, siehe unten).

▼ IPsec/XAuth-Modus („Cisco IPsec"): Split-Tunneling aktivieren.

Das folgende Beispiel gilt **NUR** für den IPsec/XAuth-Modus („Cisco IPsec"). Befehle müssen als „root" ausgeführt werden.

1. Bearbeiten Sie `/etc/ipsec.conf` auf dem VPN-Server. Ersetzen Sie im Abschnitt `conn xauth-psk` `leftsubnet=0.0.0.0/0` durch das Subnetz, durch das VPN-Clients Datenverkehr durch den VPN-Tunnel senden sollen. Beispiel:
   Für ein einzelnes Subnetz:

   `leftsubnet=10.123.123.0/24`

   Für mehrere Subnetze (verwenden Sie stattdessen `leftsubnets`):

   `leftsubnets="10.123.123.0/24,10.100.0.0/16"`

2. **(Wichtig)** Starten Sie den IPsec-Dienst neu:

   `service ipsec restart`

▼ IKEv2-Modus: Split-Tunneling aktivieren.

Das folgende Beispiel gilt **NUR** für den IKEv2-Modus. Befehle müssen als „root" ausgeführt werden.

1. Bearbeiten Sie `/etc/ipsec.d/ikev2.conf` auf dem VPN-Server. Ersetzen Sie im Abschnitt `conn ikev2-cp` `leftsubnet=0.0.0.0/0` durch das Subnetz, über das VPN-Clients Datenverkehr durch den VPN-Tunnel senden sollen. Beispiel:
   Für ein einzelnes Subnetz:

   `leftsubnet=10.123.123.0/24`

Für mehrere Subnetze (verwenden Sie stattdessen `leftsubnets`):

```
leftsubnets="10.123.123.0/24,10.100.0.0/16"
```

2. **(Wichtig)** Starten Sie den IPsec-Dienst neu:

```
service ipsec restart
```

Hinweis: Fortgeschrittene Benutzer können für bestimmte IKEv2-Clients eine andere Split-Tunneling-Konfiguration festlegen. Siehe „IKEv2-Modus: VPN-Clients statische IPs zuweisen" in Abschnitt 8.4 Interne VPN-IPs und Datenverkehr. Basierend auf dem in diesem Abschnitt bereitgestellten Beispiel können Sie die Option „leftsubnet=..." zum Abschnitt „conn" des bestimmten IKEv2-Clients hinzufügen und dann den IPsec-Dienst neu starten.

Alternativ können Windows-Benutzer Split-Tunneling aktivieren, indem sie Routen manuell hinzufügen:

1. Klicken Sie mit der rechten Maustaste auf das Wireless-/Netzwerksymbol in Ihrer Taskleiste.
2. **Windows 11+:** Wählen Sie **Netzwerk- und Interneteinstellungen** und klicken Sie dann auf der sich öffnenden Seite auf **Erweiterte Netzwerkeinstellungen**. Klicken Sie auf **Weitere Netzwerkadapteroptionen**.
   Windows 10: Wählen Sie **Netzwerk- und Interneteinstellungen öffnen** und klicken Sie dann auf der sich öffnenden Seite auf **Netzwerk- und Freigabecenter**. Klicken Sie links auf **Adaptereinstellungen ändern**.
   Windows 8/7: Wählen Sie **Netzwerk- und Freigabecenter öffnen**. Klicken Sie links auf **Adaptereinstellungen ändern**.
3. Klicken Sie mit der rechten Maustaste auf die neue VPN-Verbindung und wählen Sie **Eigenschaften**.
4. Klicken Sie auf die Registerkarte **Netzwerk**. Wählen Sie **Internetprotokoll Version 4 (TCP/IPv4)** und klicken Sie dann auf **Eigenschaften**.
5. Klicken Sie auf **Erweitert**. Deaktivieren Sie **Standard-Gateway im Remote-Netzwerk verwenden**.
6. Klicken Sie auf **OK**, um das Fenster **Eigenschaften** zu schließen.

7. **(Wichtig)** Trennen Sie das VPN und stellen Sie die Verbindung erneut her.

8. Gehen Sie davon aus, dass das Subnetz, durch das VPN-Clients Datenverkehr senden sollen, `10.123.123.0/24` ist. Öffnen Sie eine Eingabeaufforderung mit erhöhten Rechten und führen Sie einen der folgenden Befehle aus:
   Für die Modi IKEv2 und IPsec/XAuth („Cisco IPsec"):

   ```
   route add –p 10.123.123.0 mask 255.255.255.0 192.168.43.1
   ```

   Für den IPsec/L2TP-Modus:

   ```
   route add –p 10.123.123.0 mask 255.255.255.0 192.168.42.1
   ```

9. Wenn der Vorgang abgeschlossen ist, senden VPN-Clients nur Datenverkehr für das angegebene Subnetz durch den VPN-Tunnel. Der übrige Datenverkehr umgeht das VPN.

8.8 Zugriff auf das Subnetz des VPN-Servers

Nach der Verbindung mit dem VPN können VPN-Clients im Allgemeinen ohne zusätzliche Konfiguration auf Dienste zugreifen, die auf anderen Geräten ausgeführt werden, die sich im selben lokalen Subnetz wie der VPN-Server befinden. Wenn das lokale Subnetz des VPN-Servers beispielsweise „192.168.0.0/24" ist und ein Nginx-Server auf der IP „192.168.0.2" ausgeführt wird, können VPN-Clients die IP „192.168.0.2" verwenden, um auf den Nginx-Server zuzugreifen.

Bitte beachten Sie, dass zusätzliche Konfigurationen erforderlich sind, wenn der VPN-Server über mehrere Netzwerkschnittstellen verfügt (z. B. „eth0" und „eth1") und Sie möchten, dass VPN-Clients auf das lokale Subnetz hinter der Netzwerkschnittstelle zugreifen, die NICHT für den Internetzugang vorgesehen ist. In diesem Szenario müssen Sie die folgenden Befehle ausführen, um IPTables-Regeln hinzuzufügen. Um nach dem Neustart bestehen zu bleiben, können Sie diese Befehle zu „/etc/rc.local" hinzufügen.

```
# Ersetzen Sie eth1 durch den Namen der Netzwerkschnittstelle
# auf dem VPN-Server, auf die VPN-Clients zugreifen sollen
netif=eth1
```

```
iptables -I FORWARD 2 -i "$netif" -o ppp+ -m conntrack \
  --ctstate RELATED,ESTABLISHED -j ACCEPT
iptables -I FORWARD 2 -i ppp+ -o "$netif" -j ACCEPT
iptables -I FORWARD 2 -i "$netif" -d 192.168.43.0/24 \
  -m conntrack --ctstate RELATED,ESTABLISHED -j ACCEPT
iptables -I FORWARD 2 -s 192.168.43.0/24 -o "$netif" -j ACCEPT
iptables -t nat -I POSTROUTING -s 192.168.43.0/24 -o "$netif" \
  -m policy --dir out --pol none -j MASQUERADE
iptables -t nat -I POSTROUTING -s 192.168.42.0/24 -o "$netif" \
  -j MASQUERADE
```

8.9 Zugriff auf VPN-Clients aus dem Subnetz des Servers

Unter bestimmten Umständen müssen Sie möglicherweise von anderen Geräten, die sich im selben lokalen Subnetz wie der VPN-Server befinden, auf Dienste auf VPN-Clients zugreifen. Dies können Sie mit den folgenden Schritten tun.

Angenommen, die IP des VPN-Servers ist „10.1.0.2" und die IP des Geräts, von dem aus Sie auf VPN-Clients zugreifen möchten, ist „10.1.0.3".

1. Fügen Sie IPTables-Regeln auf dem VPN-Server hinzu, um diesen Datenverkehr zuzulassen. Beispiel:

```
# Standardnamen der Netzwerkschnittstelle abrufen
netif=$(ip -4 route list 0/0 | grep -m 1 -Po '(?<=dev )(\S+)')
iptables -I FORWARD 2 -i "$netif" -o ppp+ -s 10.1.0.3 -j ACCEPT
iptables -I FORWARD 2 -i "$netif" -d 192.168.43.0/24 \
  -s 10.1.0.3 -j ACCEPT
```

2. Fügen Sie Routingregeln auf dem Gerät hinzu, über das Sie auf VPN-Clients zugreifen möchten. Beispiel:

```
# Ersetzen Sie eth0 durch den Namen der Netzwerkschnittstelle
# des lokalen Subnetzes des Geräts
route add -net 192.168.42.0 netmask 255.255.255.0 \
  gw 10.1.0.2 dev eth0
```

```
route add —net 192.168.43.0 netmask 255.255.255.0 \
   gw 10.1.0.2 dev eth0
```

Weitere Informationen zu internen VPN-IPs finden Sie im Abschnitt 8.4 „Interne VPN-IPs und Datenverkehr".

8.10 Geben Sie die öffentliche IP des VPN-Servers an

Auf Servern mit mehreren öffentlichen IP-Adressen können fortgeschrittene Benutzer mit der Variable „VPN_PUBLIC_IP" eine öffentliche IP für den VPN-Server angeben. Wenn der Server beispielsweise die IPs „192.0.2.1" und „192.0.2.2" hat und Sie möchten, dass der VPN-Server „192.0.2.2" verwendet:

```
sudo VPN_PUBLIC_IP=192.0.2.2 sh vpn.sh
```

Beachten Sie, dass diese Variable im IKEv2-Modus keine Auswirkung hat, wenn IKEv2 bereits auf dem Server eingerichtet ist. In diesem Fall können Sie IKEv2 entfernen und mit benutzerdefinierten Optionen erneut einrichten. Siehe Abschnitt 3.6 IKEv2 mit Hilfsskript einrichten.

Zusätzliche Konfigurationen können erforderlich sein, wenn VPN-Clients die angegebene öffentliche IP als ihre „ausgehende IP" verwenden sollen, wenn die VPN-Verbindung aktiv ist und die angegebene IP NICHT die Haupt-IP (oder Standardroute) auf dem Server ist. In diesem Fall müssen Sie möglicherweise die IPTables-Regeln auf dem Server ändern. Um nach dem Neustart bestehen zu bleiben, können Sie diese Befehle zu „/etc/rc.local" hinzufügen.

Wenn Sie mit dem obigen Beispiel fortfahren und die „ausgehende IP" 192.0.2.2 sein soll:

```
# Standardnamen der Netzwerkschnittstelle abrufen
netif=$(ip —4 route list 0/0 | grep —m 1 —Po '(?<=dev )(\S+)')
# MASQUERADE-Regeln entfernen
iptables —t nat —D POSTROUTING —s 192.168.43.0/24 —o "$netif" \
   —m policy ——dir out ——pol none —j MASQUERADE
iptables —t nat —D POSTROUTING —s 192.168.42.0/24 —o "$netif" \
```

```
-j MASQUERADE
# SNAT-Regeln hinzufügen
iptables -t nat -I POSTROUTING -s 192.168.43.0/24 -o "$netif" \
    -m policy --dir out --pol none -j SNAT --to 192.0.2.2
iptables -t nat -I POSTROUTING -s 192.168.42.0/24 -o "$netif" \
    -j SNAT --to 192.0.2.2
```

Hinweis: Die obige Methode gilt nur, wenn die Standardnetzwerkschnittstelle des VPN-Servers mehreren öffentlichen IPs zugeordnet ist. Diese Methode funktioniert möglicherweise nicht, wenn der Server mehrere Netzwerkschnittstellen mit jeweils einer anderen öffentlichen IP hat.

Um die „ausgehende IP" für einen verbundenen VPN-Client zu überprüfen, können Sie auf dem Client einen Browser öffnen und die IP-Adresse bei Google nachschlagen.

8.11 IPTables-Regeln ändern

Um IPTables-Regeln nach der Installation zu ändern, bearbeiten Sie /etc/iptables.rules und/oder /etc/iptables/rules.v4 (Ubuntu/Debian) oder /etc/sysconfig/iptables (CentOS/RHEL). Starten Sie dann Ihren Server neu.

Hinweis: Wenn Ihr Server CentOS Linux (oder ähnlich) verwendet und Firewalld während der VPN-Einrichtung aktiv war, sind möglicherweise nftables konfiguriert. Bearbeiten Sie in diesem Fall /etc/sysconfig/nftables.conf statt /etc/sysconfig/iptables.

9 IPsec VPN: VPN-Benutzer verwalten

Standardmäßig wird ein einzelnes Benutzerkonto für die VPN-Anmeldung erstellt. Wenn Sie Benutzer für die Modi IPsec/L2TP und IPsec/XAuth („Cisco IPsec") anzeigen oder verwalten möchten, lesen Sie dieses Kapitel. Informationen zu IKEv2 finden Sie im Abschnitt 3.3 IKEv2-Clients verwalten.

9.1 VPN-Benutzer mit Hilfsskripten verwalten

Sie können Hilfsskripte verwenden, um VPN-Benutzer sowohl für den IPsec/L2TP- als auch den IPsec/XAuth-Modus („Cisco IPsec") hinzuzufügen, zu löschen oder zu aktualisieren. Informationen zu IKEv2 finden Sie im Abschnitt 3.3 „IKEv2-Clients verwalten".

Hinweis: Ersetzen Sie die Befehlsargumente unten durch Ihre eigenen Werte. VPN-Benutzer werden in `/etc/ppp/chap-secrets` und `/etc/ipsec.d/passwd` gespeichert. Die Skripte sichern diese Dateien, bevor sie Änderungen vornehmen, mit dem Suffix `.old-date-time`.

9.1.1 Einen VPN-Benutzer hinzufügen oder bearbeiten

Fügen Sie einen neuen VPN-Benutzer hinzu oder aktualisieren Sie einen vorhandenen VPN-Benutzer mit einem neuen Passwort.

Führen Sie das Hilfsskript aus und folgen Sie den Anweisungen:

```
sudo addvpnuser.sh
```

Alternativ können Sie das Skript mit folgenden Argumenten ausführen:

```
# Alle Werte MÜSSEN in einfache Anführungszeichen gesetzt werden
# Verwenden Sie diese Sonderzeichen NICHT in Werten: \ " '
sudo addvpnuser.sh 'username_to_add' 'password'
# ODER
sudo addvpnuser.sh 'username_to_update' 'new_password'
```

9.1.2 Einen VPN-Benutzer löschen

Löschen Sie den angegebenen VPN-Benutzer.

Führen Sie das Hilfsskript aus und folgen Sie den Anweisungen:

```
sudo delvpnuser.sh
```

Alternativ können Sie das Skript mit folgenden Argumenten ausführen:

```
# Alle Werte MÜSSEN in einfache Anführungszeichen gesetzt werden
# Verwenden Sie diese Sonderzeichen NICHT in Werten: \ " '
sudo delvpnuser.sh 'username_to_delete'
```

9.1.3 Alle VPN-Benutzer aktualisieren

Entfernen Sie **alle vorhandenen VPN-Benutzer** und ersetzen Sie sie durch die Liste der von Ihnen angegebenen Benutzer.

Laden Sie zunächst das Hilfsskript herunter:

```
wget https://get.vpnsetup.net/updateusers -O updateusers.sh
```

Wichtig: Dieses Skript entfernt **alle vorhandenen VPN-Benutzer** und ersetzt sie durch die Liste der von Ihnen angegebenen Benutzer. Daher müssen Sie alle vorhandenen Benutzer, die Sie behalten möchten, in die folgenden Variablen aufnehmen.

Um dieses Skript zu verwenden, wählen Sie eine der folgenden Optionen:

Option 1: Bearbeiten Sie das Skript und geben Sie VPN-Benutzerdetails ein:

```
nano -w updateusers.sh
# [Ersetzen Sie durch Ihre eigenen Werte: YOUR_USERNAMES
# und YOUR_PASSWORDS]
sudo bash updateusers.sh
```

Option 2: VPN-Benutzerdetails als Umgebungsvariablen definieren:

```
# Liste der VPN-Benutzernamen und -Passwörter,
# durch Leerzeichen getrennt
```

```
# Alle Werte MÜSSEN in einfache Anführungszeichen gesetzt werden
# Verwenden Sie diese Sonderzeichen NICHT in Werten: \ " '
sudo \
VPN_USERS='username1 username2 ...' \
VPN_PASSWORDS='password1 password2 ...' \
bash updateusers.sh
```

9.2 VPN-Benutzer anzeigen

Standardmäßig erstellen die VPN-Setup-Skripte denselben VPN-Benutzer für die Modi IPsec/L2TP und IPsec/XAuth („Cisco IPsec").

Für IPsec/L2TP werden VPN-Benutzer in `/etc/ppp/chap-secrets` angegeben. Das Format dieser Datei ist:

```
"username1"  l2tpd  "password1"  *
"username2"  l2tpd  "password2"  *
... ...
```

Für IPsec/XAuth („Cisco IPsec") werden VPN-Benutzer in `/etc/ipsec.d/passwd` angegeben. Passwörter in dieser Datei sind gesalzen und gehasht. Weitere Einzelheiten finden Sie im Abschnitt 9.4 VPN-Benutzer manuell verwalten.

9.3 Anzeigen oder Aktualisieren des IPsec PSK

Der IPsec PSK (Pre-Shared Key) wird in `/etc/ipsec.secrets` gespeichert. Alle VPN-Benutzer teilen sich denselben IPsec PSK. Das Format dieser Datei ist:

```
%any  %any  : PSK "your_ipsec_pre_shared_key"
```

Um zu einem neuen PSK zu wechseln, bearbeiten Sie einfach diese Datei. Verwenden Sie diese Sonderzeichen NICHT in Werten: \ " '

Sie müssen die Dienste neu starten, wenn Sie fertig sind:

```
service ipsec restart
service xl2tpd restart
```

9.4 VPN-Benutzer manuell verwalten

Für IPsec/L2TP werden VPN-Benutzer in `/etc/ppp/chap-secrets` angegeben. Das Format dieser Datei ist:

```
"username1"  l2tpd  "password1"  *
"username2"  l2tpd  "password2"  *
... ...
```

Sie können weitere Benutzer hinzufügen. Verwenden Sie für jeden Benutzer eine Zeile. Verwenden Sie diese Sonderzeichen NICHT in Werten: \ " '

Für IPsec/XAuth („Cisco IPsec") werden VPN-Benutzer in `/etc/ipsec.d/passwd` angegeben. Das Format dieser Datei ist:

```
username1:password1hashed:xauth-psk
username2:password2hashed:xauth-psk
... ...
```

Passwörter in dieser Datei werden gesalzen und gehasht. Dieser Schritt kann beispielsweise mit dem Dienstprogramm `openssl` durchgeführt werden:

```
# Die Ausgabe wird password1hashed sein
# Setzen Sie Ihr Passwort in einfache Anführungszeichen
openssl passwd -1 'password1'
```

10 IPsec VPN: Das VPN deinstallieren

10.1 Deinstallation mithilfe eines Hilfsskripts

Um IPsec VPN zu deinstallieren, führen Sie das Hilfsskript aus:

Warnung: Dieses Hilfsskript entfernt IPsec VPN von Ihrem Server. Alle VPN-Konfigurationen werden **dauerhaft gelöscht** und Libreswan und xl2tpd werden entfernt. Dies **kann nicht rückgängig gemacht werden**!

```
wget https://get.vpnsetup.net/unst -O unst.sh && sudo bash unst.sh
```

▼ Wenn der Download nicht funktioniert, befolgen Sie die nachstehenden Schritte.

Sie können zum Herunterladen auch „curl" verwenden:

```
curl -fsSL https://get.vpnsetup.net/unst -o unst.sh
sudo bash unst.sh
```

Alternative Download-URLs:

```
https://github.com/hwdsl2/setup-ipsec-
vpn/raw/master/extras/vpnuninstall.sh
https://gitlab.com/hwdsl2/setup-ipsec-
vpn/-/raw/master/extras/vpnuninstall.sh
```

10.2 Das VPN manuell deinstallieren

Alternativ können Sie IPsec VPN manuell deinstallieren, indem Sie diese Schritte befolgen. Befehle müssen als „root" oder mit „sudo" ausgeführt werden.

Warnung: Diese Schritte entfernen IPsec VPN von Ihrem Server. Die gesamte VPN-Konfiguration wird **dauerhaft gelöscht** und Libreswan und xl2tpd werden entfernt. Dies **kann nicht rückgängig gemacht werden**!

10.2.0.1 Erster Schritt

```
service ipsec stop
service xl2tpd stop
rm -rf /usr/local/sbin/ipsec /usr/local/libexec/ipsec \
      /usr/local/share/doc/libreswan
rm -f /etc/init/ipsec.conf /lib/systemd/system/ipsec.service \
      /etc/init.d/ipsec /usr/lib/systemd/system/ipsec.service \
      /etc/logrotate.d/libreswan \
      /usr/lib/tmpfiles.d/libreswan.conf
```

10.2.0.2 Zweiter Schritt

Ubuntu und Debian

```
apt-get purge xl2tpd
```

CentOS/RHEL, Rocky Linux, AlmaLinux, Oracle Linux und Amazon Linux 2

```
yum remove xl2tpd
```

Alpine Linux

```
apk del xl2tpd
```

10.2.0.3 Dritter Schritt

Ubuntu, Debian und Alpine Linux

Bearbeiten Sie `/etc/iptables.rules` und entfernen Sie nicht benötigte Regeln. Ihre ursprünglichen Regeln (falls vorhanden) werden als `/etc/iptables.rules.old-date-time` gesichert. Bearbeiten Sie außerdem `/etc/iptables/ rules.v4`, wenn die Datei existiert.

CentOS/RHEL, Rocky Linux, AlmaLinux, Oracle Linux und Amazon Linux 2

Bearbeiten Sie `/etc/sysconfig/iptables` und entfernen Sie nicht benötigte Regeln. Ihre ursprünglichen Regeln (falls vorhanden) werden als `/etc/sysconfig/iptables.old-date-time` gesichert.

Hinweis: Wenn Sie Rocky Linux, AlmaLinux, Oracle Linux 8 oder CentOS/RHEL 8 verwenden und Firewalld während der VPN-Einrichtung aktiv war, können nftables konfiguriert werden. Bearbeiten Sie `/etc/sysconfig/nftables.conf` und entfernen Sie nicht benötigte Regeln. Ihre ursprünglichen Regeln werden als `/etc/sysconfig/nftables.conf.old-date-time` gesichert.

10.2.0.4 Vierter Schritt

Bearbeiten Sie `/etc/sysctl.conf` und entfernen Sie die Zeilen nach `# Added by hwdsl2 VPN script`.
Bearbeiten Sie `/etc/rc.local` und entfernen Sie die Zeilen nach `# Added by hwdsl2 VPN script`. Entfernen Sie NICHT `exit 0` (falls vorhanden).

10.2.0.5 Optional

Hinweis: Dieser Schritt ist optional.

Entfernen Sie diese Konfigurationsdateien:

- /etc/ipsec.conf*
- /etc/ipsec.secrets*
- /etc/ppp/chap-secrets*
- /etc/ppp/options.xl2tpd*
- /etc/pam.d/pluto
- /etc/sysconfig/pluto
- /etc/default/pluto
- /etc/ipsec.d (Verzeichnis)
- /etc/xl2tpd (Verzeichnis)

```
rm -f /etc/ipsec.conf* /etc/ipsec.secrets* \
      /etc/ppp/chap-secrets* \
      /etc/ppp/options.xl2tpd* \
      /etc/pam.d/pluto /etc/sysconfig/pluto \
      /etc/default/pluto
rm -rf /etc/ipsec.d /etc/xl2tpd
```

Hilfsskripte entfernen:

```
rm -f /usr/bin/ikev2.sh /opt/src/ikev2.sh \
    /usr/bin/addvpnuser.sh /opt/src/addvpnuser.sh \
    /usr/bin/delvpnuser.sh /opt/src/delvpnuser.sh
```

Fail2ban entfernen:

Hinweis: Dies ist optional. Fail2ban kann helfen, SSH auf Ihrem Server zu schützen. Es wird NICHT empfohlen, es zu entfernen.

```
service fail2ban stop
# Ubuntu und Debian
apt-get purge fail2ban
# CentOS/RHEL, Rocky Linux, AlmaLinux,
# Oracle Linux und Amazon Linux 2
yum remove fail2ban
# Alpine Linux
apk del fail2ban
```

10.2.0.6 Wenn Sie fertig sind

Starten Sie Ihren Server neu.

11 Erstellen Sie Ihren eigenen IPsec-VPN-Server auf Docker

Sehen Sie sich dieses Projekt im Web an:
https://github.com/hwdsl2/docker-ipsec-vpn-server

Verwenden Sie dieses Docker-Image, um einen IPsec-VPN-Server mit IPsec/L2TP, Cisco IPsec und IKEv2 auszuführen.

Dieses Image basiert auf Alpine oder Debian Linux mit Libreswan (IPsec-VPN-Software) und xl2tpd (L2TP-Daemon).

11.1 Merkmale

- Unterstützt IKEv2 mit starken und schnellen Chiffren (z. B. AES-GCM)
- Generiert VPN-Profile zur automatischen Konfiguration von iOS-, macOS- und Android-Geräten
- Unterstützt Windows, macOS, iOS, Android, Chrome OS und Linux als VPN-Clients
- Enthält ein Hilfsskript zum Verwalten von IKEv2-Benutzern und -Zertifikaten

11.2 Schnellstart

Verwenden Sie diesen Befehl, um einen IPsec-VPN-Server auf Docker einzurichten:

```
docker run \
    --name ipsec-vpn-server \
    --restart=always \
    -v ikev2-vpn-data:/etc/ipsec.d \
    -v /lib/modules:/lib/modules:ro \
    -p 500:500/udp \
    -p 4500:4500/udp \
    -d --privileged \
    hwdsl2/ipsec-vpn-server
```

Ihre VPN-Anmeldedaten werden nach dem Zufallsprinzip generiert. Siehe Abschnitt 11.5.3 VPN-Anmeldedaten abrufen.

Weitere Informationen zur Verwendung dieses Bildes finden Sie in den folgenden Abschnitten.

11.3 Docker installieren

Installieren Sie zunächst Docker (https://docs.docker.com/engine/install/) auf Ihrem Linux-Server. Sie können dieses Image auch mit Podman ausführen, nachdem Sie einen Alias (https://podman.io/whatis.html) für „Docker" erstellt haben.

Fortgeschrittene Benutzer können dieses Image unter macOS mit Docker für Mac verwenden. Bevor Sie den IPsec/L2TP-Modus verwenden, müssen Sie den Docker-Container möglicherweise einmal mit „docker restart ipsec-vpn-server" neu starten. Dieses Image unterstützt Docker für Windows nicht.

11.4 Herunterladen

Holen Sie sich den vertrauenswürdigen Build aus der Docker Hub-Registrierung
(https://hub.docker.com/r/hwdsl2/ipsec-vpn-server/):

```
docker pull hwdsl2/ipsec-vpn-server
```

Alternativ können Sie von Quay.io herunterladen
(https://quay.io/repository/hwdsl2/ipsec-vpn-server):

```
docker pull quay.io/hwdsl2/ipsec-vpn-server
docker image tag quay.io/hwdsl2/ipsec-vpn-server \
  hwdsl2/ipsec-vpn-server
```

Unterstützte Plattformen: „linux/amd64", „linux/arm64" und „linux/arm/v7".

Fortgeschrittene Benutzer können aus dem Quellcode auf GitHub erstellen. Weitere Einzelheiten finden Sie in Abschnitt 12.11.

11.4.1 Bildvergleich

Es stehen zwei vorgefertigte Images zur Verfügung. Zum Zeitpunkt des Schreibens ist das standardmäßige Alpine-basierte Image nur ca. 18 MB groß.

	Alpine-basiert	Debian-basiert
Bildname	hwdsl2/ipsec-vpn-server	hwdsl2/ipsec-vpn-server:debian
Komprimierte Größe	~ 18 MB	~ 63 MB
Basisimage	Alpine Linux	Debian Linux
Plattformen	amd64, arm64, arm/v7	amd64, arm64, arm/v7
IPsec/L2TP	✔	✔
Cisco IPsec	✔	✔
IKEv2	✔	✔

Hinweis: Um das Debian-basierte Image zu verwenden, ersetzen Sie in diesem Kapitel jedes „hwdsl2/ipsec-vpn-server" durch „hwdsl2/ipsec-vpn-server:debian".

11.5 So verwenden Sie dieses Bild

11.5.1 Umgebungsvariablen

Hinweis: Alle Variablen in diesem Bild sind optional, das heißt, Sie müssen keine Variablen eingeben und können sofort einen IPsec-VPN-Server verwenden! Erstellen Sie dazu eine leere env-Datei mit `touch vpn.env` und fahren Sie mit dem nächsten Abschnitt fort.

Dieses Docker-Image verwendet die folgenden Variablen, die in einer env-Datei deklariert werden können. Eine Beispieldatei env finden Sie in Abschnitt 11.11.

```
VPN_IPSEC_PSK=your_ipsec_pre_shared_key
VPN_USER=your_vpn_username
VPN_PASSWORD=your_vpn_password
```

Dadurch wird ein Benutzerkonto für die VPN-Anmeldung erstellt, das von mehreren Geräten verwendet werden kann. Der IPsec PSK (Pre-Shared Key) wird durch die Umgebungsvariable „VPN_IPSEC_PSK" angegeben. Der VPN-Benutzername wird in „VPN_USER" definiert und das VPN-Passwort wird durch „VPN_PASSWORD" angegeben.

Zusätzliche VPN-Benutzer werden unterstützt und können optional in Ihrer env-Datei wie folgt deklariert werden. Benutzernamen und Passwörter müssen durch Leerzeichen getrennt sein und Benutzernamen dürfen keine Duplikate enthalten. Alle VPN-Benutzer verwenden denselben IPsec PSK.

```
VPN_ADDL_USERS=additional_username_1 additional_username_2
VPN_ADDL_PASSWORDS=additional_password_1 additional_password_2
```

Hinweis: Setzen Sie in Ihrer env-Datei KEINE "" oder ' ' um Werte und fügen Sie kein Leerzeichen um = hinzu. Verwenden Sie diese Sonderzeichen NICHT innerhalb von Werten: \ " '. Ein sicherer IPsec PSK sollte aus mindestens 20 zufälligen Zeichen bestehen.

Hinweis: Wenn Sie die Datei „env" ändern, nachdem der Docker-Container bereits erstellt wurde, müssen Sie den Container entfernen und neu erstellen, damit die Änderungen wirksam werden. Siehe Abschnitt 11.8 Docker-Image aktualisieren.

▼ Sie können optional einen DNS-Namen, einen Client-Namen und/oder benutzerdefinierte DNS-Server angeben.

Fortgeschrittene Benutzer können optional einen DNS-Namen für die IKEv2-Serveradresse angeben. Der DNS-Name muss ein vollqualifizierter Domänenname (FQDN) sein. Beispiel:

```
VPN_DNS_NAME=vpn.example.com
```

Sie können einen Namen für den ersten IKEv2-Client angeben. Verwenden Sie nur ein Wort, keine Sonderzeichen außer – und _. Der Standardwert ist vpnclient, wenn nichts angegeben ist.

```
VPN_CLIENT_NAME=your_client_name
```

Standardmäßig verwenden Clients Google Public DNS, wenn das VPN aktiv ist. Sie können für alle VPN-Modi benutzerdefinierte DNS-Server angeben. Beispiel:

```
VPN_DNS_SRV1=1.1.1.1
VPN_DNS_SRV2=1.0.0.1
```

Beim Importieren der IKEv2-Clientkonfiguration ist standardmäßig kein Kennwort erforderlich. Sie können die Clientkonfigurationsdateien mit einem zufälligen Kennwort schützen.

```
VPN_PROTECT_CONFIG=yes
```

Hinweis: Die oben genannten Variablen haben im IKEv2-Modus keine Auswirkung, wenn IKEv2 bereits im Docker-Container eingerichtet ist. In diesem Fall können Sie IKEv2 entfernen und mit benutzerdefinierten Optionen erneut einrichten. Siehe Abschnitt 11.9 IKEv2-VPN konfigurieren und verwenden.

11.5.2 Starten Sie den IPsec-VPN-Server

Erstellen Sie aus diesem Image einen neuen Docker-Container (ersetzen Sie „./vpn.env" durch Ihre eigene „env"-Datei):

```
docker run \
    --name ipsec-vpn-server \
    --env-file ./vpn.env \
    --restart=always \
    -v ikev2-vpn-data:/etc/ipsec.d \
    -v /lib/modules:/lib/modules:ro \
    -p 500:500/udp \
    -p 4500:4500/udp \
    -d --privileged \
    hwdsl2/ipsec-vpn-server
```

In diesem Befehl verwenden wir die Option „-v" von „docker run", um ein neues Docker-Volume mit dem Namen „ikev2-vpn-data" zu erstellen und es in „/etc/ipsec.d" im Container zu mounten. IKEv2-bezogene Daten wie

Zertifikate und Schlüssel bleiben im Volume erhalten. Wenn Sie später den Docker-Container neu erstellen müssen, geben Sie einfach dasselbe Volume erneut an.

Es wird empfohlen, IKEv2 zu aktivieren, wenn Sie dieses Image verwenden. Wenn Sie IKEv2 jedoch nicht aktivieren und nur die Modi IPsec/L2TP und IPsec/XAuth („Cisco IPsec") zum Herstellen einer Verbindung mit dem VPN verwenden möchten, entfernen Sie die erste Option „-v" aus dem obigen Befehl „docker run".

Hinweis: Fortgeschrittene Benutzer können auch ohne privilegierten Modus arbeiten. Weitere Einzelheiten finden Sie in Abschnitt 12.2.

11.5.3 VPN-Anmeldedaten abrufen

Wenn Sie im obigen Befehl „docker run" keine „env"-Datei angegeben haben, wird „VPN_USER" standardmäßig auf „vpnuser" gesetzt und sowohl „VPN_IPSEC_PSK" als auch „VPN_PASSWORD" werden zufällig generiert. Um sie abzurufen, sehen Sie sich die Containerprotokolle an:

```
docker logs ipsec-vpn-server
```

Suchen Sie in der Ausgabe nach diesen Zeilen:

```
Connect to your new VPN with these details:

Server IP: your_vpn_server_ip
IPsec PSK: your_ipsec_pre_shared_key
Username: your_vpn_username
Password: your_vpn_password
```

Die Ausgabe enthält auch Details zum IKEv2-Modus, sofern aktiviert.

(Optional) Sichern Sie die generierten VPN-Anmeldedaten (sofern vorhanden) im aktuellen Verzeichnis:

```
docker cp ipsec-vpn-server:/etc/ipsec.d/vpn-gen.env ./
```

11.6 Nächste Schritte

Lassen Sie Ihren Computer oder Ihr Gerät das VPN verwenden. Siehe:

11.9 IKEv2 VPN konfigurieren und verwenden (empfohlen)
5 IPsec/L2TP VPN-Clients konfigurieren
6 IPsec/XAuth („Cisco IPsec") VPN-Clients konfigurieren

Genießen Sie Ihr ganz persönliches VPN!

11.7 Wichtige Hinweise

Windows-Benutzer: Für den IPsec/L2TP-Modus ist eine einmalige Registrierungsänderung (siehe Abschnitt 7.3.1) erforderlich, wenn sich der VPN-Server oder -Client hinter NAT befindet (z. B. Heimrouter).

Das gleiche VPN-Konto kann von mehreren Geräten verwendet werden. Aufgrund einer IPsec/L2TP-Einschränkung müssen Sie jedoch den IKEv2- oder IPsec/XAuth-Modus verwenden, wenn Sie mehrere Geräte hinter demselben NAT (z. B. Heimrouter) verbinden möchten.

Wenn Sie VPN-Benutzerkonten hinzufügen, bearbeiten oder entfernen möchten, aktualisieren Sie zuerst Ihre env-Datei. Anschließend müssen Sie den Docker-Container entfernen und neu erstellen. Befolgen Sie dazu die Anweisungen im nächsten Abschnitt. Fortgeschrittene Benutzer können die env-Datei per Bind-Mount bereitstellen. Weitere Einzelheiten finden Sie in Abschnitt 12.13.

Öffnen Sie bei Servern mit einer externen Firewall (z. B. EC2/GCE) die UDP-Ports 500 und 4500 für das VPN.

Clients sind so eingestellt, dass sie Google Public DNS verwenden, wenn das VPN aktiv ist. Wenn Sie einen anderen DNS-Anbieter bevorzugen, lesen Sie Kapitel 12, Docker VPN: Erweiterte Nutzung.

11.8 Docker-Image aktualisieren

Um das Docker-Image und den Container zu aktualisieren, laden Sie zuerst die neueste Version herunter:

```
docker pull hwdsl2/ipsec-vpn-server
```

Wenn das Docker-Image bereits auf dem neuesten Stand ist, sollten Sie Folgendes sehen:

```
Status: Image is up to date for hwdsl2/ipsec-vpn-server:latest
```

Andernfalls wird die neueste Version heruntergeladen. Um Ihren Docker-Container zu aktualisieren, notieren Sie sich zunächst alle Ihre VPN-Anmeldedaten (siehe Abschnitt 11.5.3). Entfernen Sie dann den Docker-Container mit „docker rm -f ipsec-vpn-server". Erstellen Sie ihn abschließend neu, indem Sie den Anweisungen aus Abschnitt 11.5 „So verwenden Sie dieses Image" folgen.

11.9 IKEv2 VPN konfigurieren und verwenden

Der IKEv2-Modus bietet Verbesserungen gegenüber IPsec/L2TP und IPsec/XAuth („Cisco IPsec") und erfordert weder einen IPsec-PSK, Benutzernamen noch ein Passwort. Weitere Informationen finden Sie in Kapitel 3, Anleitung: Einrichten und Verwenden von IKEv2 VPN.

Überprüfen Sie zunächst die Containerprotokolle, um Details zu IKEv2 anzuzeigen:

```
docker logs ipsec-vpn-server
```

Hinweis: Wenn Sie keine IKEv2-Details finden können, ist IKEv2 möglicherweise im Container nicht aktiviert. Versuchen Sie, das Docker-Image und den Container gemäß den Anweisungen in Abschnitt 11.8 „Docker-Image aktualisieren" zu aktualisieren.

Während der IKEv2-Einrichtung wird ein IKEv2-Client (mit dem Standardnamen „vpnclient") erstellt und seine Konfiguration nach „/etc/ipsec.d" **innerhalb des Containers** exportiert. So kopieren Sie die Konfigurationsdatei(en) auf den Docker-Host:

```
# Überprüfen Sie den Inhalt von /etc/ipsec.d im Container
docker exec -it ipsec-vpn-server ls -l /etc/ipsec.d
# Beispiel: Kopieren Sie eine Client-Konfigurationsdatei aus dem
```

```
# Container in das aktuelle Verzeichnis auf dem Docker-Host
docker cp ipsec-vpn-server:/etc/ipsec.d/vpnclient.p12 ./
```

Nächste Schritte: Konfigurieren Sie Ihre Geräte für die Verwendung des IKEv2-VPN. Weitere Einzelheiten finden Sie in Abschnitt 3.2.

▼ Erfahren Sie, wie Sie IKEv2-Clients verwalten.

Sie können IKEv2-Clients mithilfe des Hilfsskripts verwalten. Beispiele finden Sie weiter unten. Um Clientoptionen anzupassen, führen Sie das Skript ohne Argumente aus.

```
# Neuen Client hinzufügen (mit Standardoptionen)
docker exec -it ipsec-vpn-server ikev2.sh \
  --addclient [Client-Name]
# Konfiguration für vorhandenen Client exportieren
docker exec -it ipsec-vpn-server ikev2.sh \
  --exportclient [Client-Name]
# Vorhandene Clients auflisten
docker exec -it ipsec-vpn-server ikev2.sh --listclients
# Verwendung anzeigen
docker exec -it ipsec-vpn-server ikev2.sh -h
```

Hinweis: Wenn der Fehler „Ausführbare Datei nicht gefunden" auftritt, ersetzen Sie „ikev2.sh" oben durch „/opt/src/ikev2.sh".

▼ Erfahren Sie, wie Sie die IKEv2-Serveradresse ändern.

Unter bestimmten Umständen müssen Sie möglicherweise die IKEv2-Serveradresse ändern. Zum Beispiel, um auf die Verwendung eines DNS-Namens umzustellen oder nachdem sich die Server-IP geändert hat. Um die IKEv2-Serveradresse zu ändern, öffnen Sie zuerst eine Bash-Shell im Container (siehe Abschnitt 12.12) und folgen Sie dann den Anweisungen in Abschnitt 3.4. Beachten Sie, dass die Containerprotokolle die neue IKEv2-Serveradresse erst anzeigen, wenn Sie den Docker-Container neu starten.

▼ Entfernen Sie IKEv2 und richten Sie es mit benutzerdefinierten Optionen erneut ein.

Unter bestimmten Umständen müssen Sie IKEv2 entfernen und mit benutzerdefinierten Optionen erneut einrichten.

Warnung: Alle IKEv2-Konfigurationen inklusive Zertifikaten und Schlüsseln werden **dauerhaft gelöscht**. Dies **kann nicht rückgängig gemacht werden!**

Option 1: Entfernen Sie IKEv2 und richten Sie es mithilfe des Hilfsskripts erneut ein.

Beachten Sie, dass hierdurch die von Ihnen in der Datei „env" angegebenen Variablen wie „VPN_DNS_NAME" und „VPN_CLIENT_NAME" überschrieben werden und die Containerprotokolle keine aktuellen Informationen für IKEv2 mehr anzeigen.

```
# Entfernen Sie IKEv2 und löschen Sie alle IKEv2-Konfigurationen
docker exec -it ipsec-vpn-server ikev2.sh --removeikev2
# Richten Sie IKEv2 erneut mit benutzerdefinierten Optionen ein
docker exec -it ipsec-vpn-server ikev2.sh
```

Option 2: Entfernen Sie „ikev2-vpn-data" und erstellen Sie den Container neu.

1. Notieren Sie alle Ihre VPN-Anmeldedaten (siehe Abschnitt 11.5.3).
2. Entfernen Sie den Docker-Container:

   ```
   docker rm -f ipsec-vpn-server
   ```

3. Entfernen Sie das Volume „ikev2-vpn-data":

   ```
   docker volume rm ikev2-vpn-data
   ```

4. Aktualisieren Sie Ihre env-Datei und fügen Sie benutzerdefinierte IKEv2-Optionen wie `VPN_DNS_NAME` und `VPN_CLIENT_NAME` hinzu. Erstellen Sie dann den Container neu. Siehe Abschnitt 11.5 „So verwenden Sie dieses Image".

11.10 Technische Details

Es werden zwei Dienste ausgeführt: „Libreswan (Pluto)" für das IPsec-VPN und „xl2tpd" für L2TP-Unterstützung.

Die standardmäßige IPsec-Konfiguration unterstützt:

- IPsec/L2TP mit PSK
- IKEv1 mit PSK und XAuth („Cisco IPsec")
- IKEv2

Für die Funktion dieses Containers sind die folgenden Ports verfügbar:

- 4500/udp und 500/udp für IPsec

11.11 Beispiel einer VPN-Umgebungsdatei

```
# Hinweis: Alle Variablen dieses Bildes sind optional.
# Weitere Einzelheiten finden Sie in Abschnitt 11.5.


# Definieren Sie IPsec PSK, VPN-Benutzernamen und Passwort
# - Setzen Sie KEINE "" oder '' um Werte, und fügen Sie
#   kein Leerzeichen um = hinzu.
# - Verwenden Sie diese Sonderzeichen NICHT in Werten: \ " '
VPN_IPSEC_PSK=your_ipsec_pre_shared_key
VPN_USER=your_vpn_username
VPN_PASSWORD=your_vpn_password


# Zusätzliche VPN-Benutzer definieren
# - Setzen Sie KEINE "" oder '' um Werte, und fügen Sie
#   kein Leerzeichen um = hinzu.
# - Verwenden Sie diese Sonderzeichen NICHT in Werten: \ " '
# - Benutzernamen und Passwörter müssen durch Leerzeichen
#   getrennt sein
VPN_ADDL_USERS=additional_username_1 additional_username_2
VPN_ADDL_PASSWORDS=additional_password_1 additional_password_2


# Verwenden Sie einen DNS-Namen für den VPN-Server
# - Der DNS-Name muss ein vollqualifizierter
#   Domänenname (FQDN) sein
VPN_DNS_NAME=vpn.example.com


# Geben Sie einen Namen für den ersten IKEv2-Client an
```

```
# - Verwenden Sie nur ein Wort, keine Sonderzeichen
#   außer „-" und „_"
# - Wenn nicht angegeben, ist der Standard „vpnclient".
VPN_CLIENT_NAME=your_client_name


# Alternative DNS-Server verwenden
# - Standardmäßig sind Clients so eingestellt, dass sie
#   Google Public DNS verwenden
# - Das folgende Beispiel zeigt den DNS-Dienst von Cloudflare
VPN_DNS_SRV1=1.1.1.1
VPN_DNS_SRV2=1.0.0.1


# Schützen Sie IKEv2-Client-Konfigurationsdateien
# mit einem Passwort
# - Standardmäßig ist beim Importieren der
#   IKEv2-Clientkonfiguration kein Passwort erforderlich
# - Legen Sie diese Variable fest, wenn Sie diese Dateien
#   mit einem zufälligen Passwort schützen möchten
VPN_PROTECT_CONFIG=yes
```

12 Docker VPN: Erweiterte Nutzung

12.1 Alternative DNS-Server angeben

Standardmäßig verwenden Clients Google Public DNS, wenn das VPN aktiv ist. Wenn ein anderer DNS-Anbieter bevorzugt wird, definieren Sie VPN_DNS_SRV1 und optional VPN_DNS_SRV2 in Ihrer env-Datei und folgen Sie dann den Anweisungen in Abschnitt 11.8, um den Docker-Container neu zu erstellen. Beispiel:

```
VPN_DNS_SRV1=1.1.1.1
VPN_DNS_SRV2=1.0.0.1
```

Verwenden Sie VPN_DNS_SRV1, um den primären DNS-Server anzugeben, und VPN_DNS_SRV2, um den sekundären DNS-Server anzugeben (optional). Eine Liste einiger beliebter öffentlicher DNS-Anbieter finden Sie im Abschnitt 2.8 VPN-Optionen anpassen.

Beachten Sie, dass Sie, wenn IKEv2 bereits im Docker-Container eingerichtet ist, auch „/etc/ipsec.d/ikev2.conf" im Docker-Container bearbeiten und „8.8.8.8" und „8.8.4.4" durch Ihre alternativen DNS-Server ersetzen und dann den Docker-Container neu starten müssen.

12.2 Ohne privilegierten Modus ausführen

Fortgeschrittene Benutzer können aus diesem Image einen Docker-Container erstellen, ohne den privilegierten Modus zu verwenden (ersetzen Sie „./vpn.env" im folgenden Befehl durch Ihre eigene „env"-Datei).

Hinweis: Wenn Ihr Docker-Host CentOS Stream, Oracle Linux 8+, Rocky Linux oder AlmaLinux ausführt, wird empfohlen, den privilegierten Modus zu verwenden (siehe Abschnitt 11.5.2). Wenn Sie ohne privilegierten Modus arbeiten möchten, **müssen** Sie modprobe ip_tables ausführen, bevor Sie den Docker-Container erstellen und auch beim Booten.

```
docker run \
    --name ipsec-vpn-server \
```

```
--env-file ./vpn.env \
--restart=always \
-v ikev2-vpn-data:/etc/ipsec.d \
-p 500:500/udp \
-p 4500:4500/udp \
-d --cap-add=NET_ADMIN \
--device=/dev/ppp \
--sysctl net.ipv4.ip_forward=1 \
--sysctl net.ipv4.conf.all.accept_redirects=0 \
--sysctl net.ipv4.conf.all.send_redirects=0 \
--sysctl net.ipv4.conf.all.rp_filter=0 \
--sysctl net.ipv4.conf.default.accept_redirects=0 \
--sysctl net.ipv4.conf.default.send_redirects=0 \
--sysctl net.ipv4.conf.default.rp_filter=0 \
hwdsl2/ipsec-vpn-server
```

Wenn der Container ohne privilegierten Modus ausgeführt wird, kann er die sysctl-Einstellungen nicht ändern. Dies könnte bestimmte Funktionen dieses Images beeinträchtigen. Ein bekanntes Problem ist, dass der Android/Linux MTU/MSS-Fix (Abschnitt 7.3.6) auch das Hinzufügen von --sysctl net.ipv4.ip_no_pmtu_disc=1 zum docker run-Befehl erfordert. Wenn Sie auf Probleme stoßen, versuchen Sie, den Container im privilegierten Modus neu zu erstellen (siehe Abschnitt 11.5.2).

Nachdem Sie den Docker-Container erstellt haben, lesen Sie Abschnitt 11.5.3 „VPN-Anmeldedaten abrufen".

Ebenso können Sie bei der Verwendung von Docker Compose privileged: true in https://github.com/hwdsl2/docker-ipsec-vpn-server/blob/master/docker-compose.yml durch Folgendes ersetzen:

```
cap_add:
  - NET_ADMIN
devices:
  - "/dev/ppp:/dev/ppp"
sysctls:
  - net.ipv4.ip_forward=1
  - net.ipv4.conf.all.accept_redirects=0
  - net.ipv4.conf.all.send_redirects=0
```

```
- net.ipv4.conf.all.rp_filter=0
- net.ipv4.conf.default.accept_redirects=0
- net.ipv4.conf.default.send_redirects=0
- net.ipv4.conf.default.rp_filter=0
```

Weitere Informationen finden Sie in der Referenz zur Erstellungsdatei: https://docs.docker.com/compose/compose-file/

12.3 VPN-Modi auswählen

Bei Verwendung dieses Docker-Image sind die Modi IPsec/L2TP und IPsec/XAuth („Cisco IPsec") standardmäßig aktiviert. Darüber hinaus wird der IKEv2-Modus aktiviert, wenn beim Erstellen des Docker-Containers die Option „-v ikev2-vpn-data:/etc/ipsec.d" im Befehl „docker run" angegeben wird. Siehe Abschnitt 11.5.2.

Fortgeschrittene Benutzer können VPN-Modi selektiv deaktivieren, indem sie die folgende(n) Variable(n) in der Datei „env" festlegen und dann den Docker-Container neu erstellen.

IPsec/L2TP-Modus deaktivieren:

```
VPN_DISABLE_IPSEC_L2TP=yes
```

Deaktivieren Sie den IPsec/XAuth-Modus („Cisco IPsec"):

```
VPN_DISABLE_IPSEC_XAUTH=yes
```

Deaktivieren Sie sowohl den IPsec/L2TP- als auch den IPsec/XAuth-Modus:

```
VPN_IKEV2_ONLY=yes
```

12.4 Zugriff auf andere Container auf dem Docker-Host

Nach der Verbindung mit dem VPN können VPN-Clients im Allgemeinen ohne zusätzliche Konfiguration auf Dienste zugreifen, die in anderen Containern auf demselben Docker-Host ausgeführt werden.

Wenn beispielsweise der IPsec-VPN-Servercontainer die IP 172.17.0.2 hat und ein Nginx-Container mit der IP 172.17.0.3 auf demselben Docker-Host läuft, können VPN-Clients die IP 172.17.0.3 verwenden, um auf Dienste im Nginx-Container zuzugreifen. Um herauszufinden, welche IP einem Container zugewiesen ist, führen Sie docker inspect <Containername> aus.

12.5 Geben Sie die öffentliche IP des VPN-Servers an

Auf Docker-Hosts mit mehreren öffentlichen IP-Adressen können fortgeschrittene Benutzer mithilfe der Variable VPN_PUBLIC_IP in der env-Datei eine öffentliche IP für den VPN-Server angeben und dann den Docker-Container neu erstellen. Wenn der Docker-Host beispielsweise die IPs 192.0.2.1 und 192.0.2.2 hat und Sie möchten, dass der VPN-Server 192.0.2.2 verwendet:

```
VPN_PUBLIC_IP=192.0.2.2
```

Beachten Sie, dass diese Variable im IKEv2-Modus keine Auswirkung hat, wenn IKEv2 bereits im Docker-Container eingerichtet ist. In diesem Fall können Sie IKEv2 entfernen und mit benutzerdefinierten Optionen erneut einrichten. Siehe Abschnitt 11.9 IKEv2-VPN konfigurieren und verwenden.

Zusätzliche Konfigurationen können erforderlich sein, wenn Sie möchten, dass VPN-Clients die angegebene öffentliche IP als ihre „ausgehende IP" verwenden, wenn die VPN-Verbindung aktiv ist und die angegebene IP NICHT die Haupt-IP (oder Standardroute) auf dem Docker-Host ist. In diesem Fall können Sie versuchen, eine IPTables-„SNAT"-Regel auf dem Docker-Host hinzuzufügen. Um nach dem Neustart bestehen zu bleiben, können Sie den Befehl zu „/etc/rc.local" hinzufügen.

Um mit dem obigen Beispiel fortzufahren: Wenn der Docker-Container die interne IP „172.17.0.2" hat (überprüfen Sie dies mit „docker inspect ipsec-vpn-server"), der Netzwerkschnittstellenname von Docker „dockero" ist (überprüfen Sie dies mit „iptables -nvL -t nat") und Sie möchten, dass die „ausgehende IP" „192.0.2.2" ist:

```
iptables -t nat -I POSTROUTING -s 172.17.0.2 ! -o docker0 \
  -j SNAT --to 192.0.2.2
```

Um die „ausgehende IP" für einen verbundenen VPN-Client zu überprüfen, können Sie auf dem Client einen Browser öffnen und die IP-Adresse bei Google nachschlagen.

12.6 VPN-Clients statische IPs zuweisen

Bei einer Verbindung im IPsec/L2TP-Modus hat der VPN-Server (Docker-Container) die interne IP 192.168.42.1 innerhalb des VPN-Subnetzes 192.168.42.0/24. Den Clients werden interne IPs von 192.168.42.10 bis 192.168.42.250 zugewiesen. Um zu überprüfen, welche IP einem Client zugewiesen ist, sehen Sie sich den Verbindungsstatus auf dem VPN-Client an.

Bei einer Verbindung im IPsec/XAuth-Modus („Cisco IPsec") oder im IKEv2-Modus verfügt der VPN-Server (Docker-Container) NICHT über eine interne IP innerhalb des VPN-Subnetzes „192.168.43.0/24". Den Clients werden interne IPs von „192.168.43.10" bis „192.168.43.250" zugewiesen.

Fortgeschrittene Benutzer können VPN-Clients optional statische IPs zuweisen. Der IKEv2-Modus unterstützt diese Funktion NICHT. Um statische IPs zuzuweisen, deklarieren Sie die Variable „VPN_ADDL_IP_ADDRS" in Ihrer Datei „env" und erstellen Sie dann den Docker-Container neu. Beispiel:

```
VPN_ADDL_USERS=user1 user2 user3 user4 user5
VPN_ADDL_PASSWORDS=pass1 pass2 pass3 pass4 pass5
VPN_ADDL_IP_ADDRS=* * 192.168.42.2 192.168.43.2
```

In diesem Beispiel weisen wir user3 für den IPsec/L2TP-Modus die statische IP 192.168.42.2 zu und user4 für den IPsec/XAuth-Modus ("Cisco IPsec") die statische IP 192.168.43.2. Interne IPs für user1, user2 und user5 werden automatisch zugewiesen. Die interne IP für user3 für den IPsec/XAuth-Modus und die interne IP für user4 für den IPsec/L2TP-Modus werden ebenfalls automatisch zugewiesen. Sie können * verwenden, um automatisch zugewiesene IPs anzugeben, oder diese Benutzer am Ende der Liste einfügen.

Statische IPs, die Sie für den IPsec/L2TP-Modus angeben, müssen im Bereich von 192.168.42.2 bis 192.168.42.9 liegen. Statische IPs, die Sie für den IPsec/XAuth-Modus („Cisco IPsec") angeben, müssen im Bereich von 192.168.43.2 bis 192.168.43.9 liegen.

Wenn Sie mehr statische IPs zuweisen müssen, müssen Sie den Pool der automatisch zugewiesenen IP-Adressen verkleinern. Beispiel:

```
VPN_L2TP_POOL=192.168.42.100-192.168.42.250
VPN_XAUTH_POOL=192.168.43.100-192.168.43.250
```

Dadurch können Sie für den IPsec/L2TP-Modus statische IPs im Bereich von „192.168.42.2" bis „192.168.42.99" und für den IPsec/XAuth-Modus („Cisco IPsec") im Bereich von „192.168.43.2" bis „192.168.43.99" zuweisen.

Beachten Sie: Wenn Sie VPN_XAUTH_POOL in der Datei env angeben und IKEv2 bereits im Docker-Container eingerichtet ist, **müssen** Sie /etc/ipsec.d/ikev2.conf im Container manuell bearbeiten und rightaddresspool=192.168.43.10-192.168.43.250 durch den **gleichen Wert** wie VPN_XAUTH_POOL ersetzen, bevor Sie den Docker-Container neu erstellen. Andernfalls funktioniert IKEv2 möglicherweise nicht mehr.

Hinweis: Setzen Sie in Ihrer env-Datei KEINE "" oder ' ' um Werte und fügen Sie kein Leerzeichen um = hinzu. Verwenden Sie diese Sonderzeichen NICHT innerhalb von Werten: \ " '.

12.7 Interne VPN-Subnetze anpassen

Standardmäßig verwenden IPsec/L2TP VPN-Clients das interne VPN-Subnetz 192.168.42.0/24, während IPsec/XAuth („Cisco IPsec") und IKEv2-VPN-Clients das interne VPN-Subnetz 192.168.43.0/24 verwenden. Weitere Einzelheiten finden Sie im vorherigen Abschnitt.

Für die meisten Anwendungsfälle ist es NICHT notwendig und NICHT empfehlenswert, diese Subnetze anzupassen. Wenn Ihr Anwendungsfall es jedoch erfordert, können Sie benutzerdefinierte Subnetze in Ihrer env-Datei angeben und müssen dann den Docker-Container neu erstellen.

```
# Beispiel: Benutzerdefiniertes VPN-Subnetz für den
#           IPsec/L2TP-Modus angeben
```

```
# Hinweis: Alle drei Variablen müssen angegeben werden.
VPN_L2TP_NET=10.1.0.0/16
VPN_L2TP_LOCAL=10.1.0.1
VPN_L2TP_POOL=10.1.0.10-10.1.254.254

# Beispiel: Benutzerdefiniertes VPN-Subnetz für IPsec/XAuth-
#           und IKEv2-Modi angeben
# Hinweis: Beide Variablen müssen angegeben werden.
VPN_XAUTH_NET=10.2.0.0/16
VPN_XAUTH_POOL=10.2.0.10-10.2.254.254
```

Hinweis: Setzen Sie in Ihrer env-Datei KEINE "" oder ' ' um Werte und fügen Sie um = KEINE Leerzeichen ein.

In den obigen Beispielen ist „VPN_L2TP_LOCAL" die interne IP des VPN-Servers für den IPsec/L2TP-Modus. „VPN_L2TP_POOL" und „VPN_XAUTH_POOL" sind die Pools automatisch zugewiesener IP-Adressen für VPN-Clients.

Beachten Sie: Wenn Sie `VPN_XAUTH_POOL` in der Datei env angeben und IKEv2 bereits im Docker-Container eingerichtet ist, **müssen** Sie `/etc/ipsec.d/ikev2.conf` im Container manuell bearbeiten und `rightaddresspool=192.168.43.10-192.168.43.250` durch den **gleichen Wert** wie `VPN_XAUTH_POOL` ersetzen, bevor Sie den Docker-Container neu erstellen. Andernfalls funktioniert IKEv2 möglicherweise nicht mehr.

12.8 Über den Host-Netzwerkmodus

Fortgeschrittene Benutzer können dieses Image im Host-Netzwerkmodus (https://docs.docker.com/network/host/) ausführen, indem sie dem Befehl „docker run" „--network=host" hinzufügen.

Der Host-Netzwerkmodus wird für dieses Image NICHT empfohlen, es sei denn, Ihr Anwendungsfall erfordert dies. In diesem Modus ist der Netzwerkstapel des Containers nicht vom Docker-Host isoliert, und VPN-Clients können möglicherweise über die interne VPN-IP `192.168.42.1` auf Ports oder Dienste auf dem Docker-Host zugreifen, nachdem sie im IPsec/L2TP-Modus eine Verbindung hergestellt haben. Beachten Sie, dass Sie die Änderungen an den IPTables-Regeln und Sysctl-Einstellungen manuell mit run.sh (https://github.com/hwdsl2/docker-ipsec-vpn-server/blob/master/run.sh) bereinigen oder den Server neu starten müssen, wenn Sie dieses Image nicht mehr verwenden.

Einige Docker-Host-Betriebssysteme, wie etwa Debian 10, können dieses Image aufgrund der Verwendung von nftables nicht im Host-Netzwerkmodus ausführen.

12.9 Libreswan-Protokolle aktivieren

Um das Docker-Image klein zu halten, sind Libreswan (IPsec)-Protokolle standardmäßig nicht aktiviert. Wenn Sie sie zur Fehlerbehebung aktivieren müssen, starten Sie zuerst eine Bash-Sitzung im laufenden Container:

```
docker exec -it ipsec-vpn-server env TERM=xterm bash -l
```

Führen Sie dann die folgenden Befehle aus:

```
# Für Alpine-basiertes Bild
apk add --no-cache rsyslog
rsyslogd
rc-service ipsec stop; rc-service -D ipsec start >/dev/null 2>&1
sed -i '\|pluto\.pid|a rm -f /var/run/rsyslogd.pid; rsyslogd' \
  /opt/src/run.sh
exit
# Für Debian-basiertes Image
apt-get update && apt-get -y install rsyslog
rsyslogd
service ipsec restart
sed -i '\|pluto\.pid|a rm -f /var/run/rsyslogd.pid; rsyslogd' \
  /opt/src/run.sh
exit
```

Hinweis: Der Fehler „rsyslogd: imklog: Kernel-Protokoll kann nicht geöffnet werden" ist normal, wenn Sie dieses Docker-Image ohne privilegierten Modus verwenden.

Wenn Sie fertig sind, können Sie die Libreswan-Protokolle wie folgt überprüfen:

```
docker exec -it ipsec-vpn-server grep pluto /var/log/auth.log
```

Um xl2tpd-Protokolle zu überprüfen, führen Sie „docker logs ipsec-vpn-server" aus.

12.10 Serverstatus überprüfen

Überprüfen Sie den Status des IPsec-VPN-Servers:

```
docker exec -it ipsec-vpn-server ipsec status
```

Aktuell bestehende VPN-Verbindungen anzeigen:

```
docker exec -it ipsec-vpn-server ipsec trafficstatus
```

12.11 Aus dem Quellcode erstellen

Fortgeschrittene Benutzer können den Quellcode von GitHub herunterladen und kompilieren:

```
git clone https://github.com/hwdsl2/docker-ipsec-vpn-server
cd docker-ipsec-vpn-server
# Erstellen Sie das Alpine-basierte Image
docker build -t hwdsl2/ipsec-vpn-server .
# Erstellen Sie das Debian-basierte Image
docker build -f Dockerfile.debian \
  -t hwdsl2/ipsec-vpn-server:debian .
```

Oder verwenden Sie dies, wenn Sie den Quellcode nicht ändern:

```
# Erstellen Sie das Alpine-basierte Image
docker build -t hwdsl2/ipsec-vpn-server \
  github.com/hwdsl2/docker-ipsec-vpn-server
# Erstellen Sie das Debian-basierte Image
docker build -f Dockerfile.debian \
  -t hwdsl2/ipsec-vpn-server:debian \
  github.com/hwdsl2/docker-ipsec-vpn-server
```

12.12 Bash-Shell im Container

So starten Sie eine Bash-Sitzung im laufenden Container:

```
docker exec -it ipsec-vpn-server env TERM=xterm bash -l
```

(Optional) Installieren Sie den „Nano"-Editor:

```
# Für Alpine-basiertes Image
apk add --no-cache nano
# Für Debian-basiertes Image
apt-get update && apt-get -y install nano
```

Führen Sie dann Ihre Befehle im Container aus. Wenn Sie fertig sind, beenden Sie den Container und starten Sie ihn bei Bedarf neu:

```
exit
docker restart ipsec-vpn-server
```

12.13 Bind-Mount der Umgebungsdatei

Als Alternative zur Option --env-file können fortgeschrittene Benutzer die env-Datei bindend mounten. Der Vorteil dieser Methode besteht darin, dass Sie nach dem Aktualisieren der env-Datei den Docker-Container neu starten können, damit die Änderungen wirksam werden, anstatt ihn neu zu erstellen. Um diese Methode zu verwenden, müssen Sie zuerst Ihre env-Datei bearbeiten und die Werte aller Variablen in einfache Anführungszeichen '' einschließen. Erstellen Sie dann den Docker-Container (neu) (ersetzen Sie die erste vpn.env durch Ihre eigene env-Datei):

```
docker run \
    --name ipsec-vpn-server \
    --restart=always \
    -v "$(pwd)/vpn.env:/opt/src/env/vpn.env:ro" \
    -v ikev2-vpn-data:/etc/ipsec.d \
    -v /lib/modules:/lib/modules:ro \
    -p 500:500/udp \
    -p 4500:4500/udp \
```

```
-d --privileged \
hwdsl2/ipsec-vpn-server
```

12.14 Split-Tunneling für IKEv2

Beim Split-Tunneling senden VPN-Clients nur Datenverkehr für ein bestimmtes Zielsubnetz durch den VPN-Tunnel. Anderer Datenverkehr wird NICHT durch den VPN-Tunnel geleitet. Auf diese Weise erhalten Sie über Ihr VPN sicheren Zugriff auf ein Netzwerk, ohne den gesamten Datenverkehr Ihres Clients durch das VPN leiten zu müssen. Split-Tunneling hat einige Einschränkungen und wird nicht von allen VPN-Clients unterstützt.

Fortgeschrittene Benutzer können optional Split-Tunneling für den IKEv2-Modus aktivieren. Fügen Sie die Variable VPN_SPLIT_IKEV2 zu Ihrer env-Datei hinzu und erstellen Sie dann den Docker-Container neu. Wenn das Zielsubnetz beispielsweise 10.123.123.0/24 ist:

```
VPN_SPLIT_IKEV2=10.123.123.0/24
```

Beachten Sie, dass diese Variable keine Wirkung hat, wenn IKEv2 bereits im Docker-Container eingerichtet ist. In diesem Fall haben Sie zwei Möglichkeiten:

Option 1: Starten Sie zunächst eine Bash-Shell im Container (siehe Abschnitt 12.12), bearbeiten Sie dann /etc/ipsec.d/ikev2.conf und ersetzen Sie leftsubnet=0.0.0.0/0 durch Ihr gewünschtes Subnetz. Wenn Sie fertig sind, beenden Sie den Container und führen Sie docker restart ipsec-vpn-server aus.

Option 2: Entfernen Sie sowohl den Docker-Container als auch das Volume ikev2-vpn-data und erstellen Sie dann den Docker-Container neu. Alle VPN-Konfigurationen werden **dauerhaft gelöscht**. Siehe „IKEv2 entfernen" in Abschnitt 11.9 IKEv2-VPN konfigurieren und verwenden.

Alternativ können Windows-Benutzer Split-Tunneling aktivieren, indem sie Routen manuell hinzufügen. Weitere Einzelheiten finden Sie im Abschnitt 8.7 Split-Tunneling.

13 Erstellen Sie Ihren eigenen OpenVPN-Server

Sehen Sie sich dieses Projekt im Web an: https://github.com/hwdsl2/openvpn-install

Verwenden Sie dieses OpenVPN-Server-Installationsskript, um in nur wenigen Minuten Ihren eigenen VPN-Server einzurichten, selbst wenn Sie OpenVPN noch nie verwendet haben. OpenVPN ist ein Open-Source-, robustes und äußerst flexibles VPN-Protokoll.

Dieses Skript unterstützt Ubuntu, Debian, AlmaLinux, Rocky Linux, CentOS, Fedora, openSUSE, Amazon Linux 2 und Raspberry Pi OS.

13.1 Merkmale

- Vollständig automatisierte OpenVPN-Server-Einrichtung, keine Benutzereingabe erforderlich
- Unterstützt die interaktive Installation mit benutzerdefinierten Optionen
- Generiert VPN-Profile zur automatischen Konfiguration von Windows-, macOS-, iOS- und Android-Geräten
- Unterstützt die Verwaltung von OpenVPN-Benutzern und -Zertifikaten
- Optimiert „sysctl"-Einstellungen für eine verbesserte VPN-Leistung

13.2 Installation

Laden Sie zunächst das Skript auf Ihren Linux-Server herunter*:

```
wget -O openvpn.sh https://get.vpnsetup.net/ovpn
```

* Ein Cloud-Server, ein virtueller privater Server (VPS) oder ein dedizierter Server.

Option 1: Automatische Installation von OpenVPN mit Standardoptionen.

```
sudo bash openvpn.sh --auto
```

Öffnen Sie bei Servern mit einer externen Firewall (z. B. EC2/GCE) den UDP-Port 1194 für das VPN.

Beispielausgabe:

```
$ sudo bash openvpn.sh --auto

OpenVPN Script
https://github.com/hwdsl2/openvpn-install

Starting OpenVPN setup using default options.

Server IP: 192.0.2.1
Port: UDP/1194
Client name: client
Client DNS: Google Public DNS

Installing OpenVPN, please wait...
+ apt-get -yqq update
+ apt-get -yqq --no-install-recommends install openvpn
+ apt-get -yqq install openssl ca-certificates
+ ./easyrsa --batch init-pki
+ ./easyrsa --batch build-ca nopass
+ ./easyrsa --batch --days=3650 build-server-full server nopass
+ ./easyrsa --batch --days=3650 build-client-full client nopass
+ ./easyrsa --batch --days=3650 gen-crl
+ openvpn --genkey --secret /etc/openvpn/server/tc.key
+ systemctl enable --now openvpn-iptables.service
+ systemctl enable --now openvpn-server@server.service

Finished!

The client configuration is available in: /root/client.ovpn
New clients can be added by running this script again.
```

Nach der Einrichtung können Sie das Skript erneut ausführen, um Benutzer zu verwalten oder OpenVPN zu deinstallieren.

Nächste Schritte: Lassen Sie Ihren Computer oder Ihr Gerät das VPN verwenden. Siehe:

14 OpenVPN-Clients konfigurieren

Genießen Sie Ihr ganz persönliches VPN!

Option 2: Interaktive Installation mit benutzerdefinierten Optionen.

```
sudo bash openvpn.sh
```

Sie können die folgenden Optionen anpassen: DNS-Name des VPN-Servers, Protokoll (TCP/UDP) und Port, DNS-Server für VPN-Clients und Name des ersten Clients.

Öffnen Sie bei Servern mit einer externen Firewall den ausgewählten TCP-oder UDP-Port für das VPN.

Beispielschritte (durch Ihre eigenen Werte ersetzen):

Hinweis: Diese Optionen können sich in neueren Versionen des Skripts ändern. Lesen Sie sie sorgfältig durch, bevor Sie die gewünschte Option auswählen.

```
$ sudo bash openvpn.sh

Welcome to this OpenVPN server installer!
GitHub: https://github.com/hwdsl2/openvpn-install


I need to ask you a few questions before starting setup. You can
use the default options and just press enter if you are OK with
them.
```

Geben Sie den DNS-Namen des VPN-Servers ein:

```
Do you want OpenVPN clients to connect to this server using a DNS
name, e.g. vpn.example.com, instead of its IP address? [y/N] y

Enter the DNS name of this VPN server: vpn.example.com
```

Wählen Sie Protokoll und Port für OpenVPN:

```
Which protocol should OpenVPN use?
   1) UDP (recommended)
   2) TCP
Protocol [1]:

Which port should OpenVPN listen to?
Port [1194]:
```

DNS-Server auswählen:

```
Select a DNS server for the clients:
   1) Current system resolvers
   2) Google Public DNS
   3) Cloudflare DNS
   4) OpenDNS
   5) Quad9
   6) AdGuard DNS
   7) Custom
DNS server [2]:
```

Geben Sie einen Namen für den ersten Client ein:

```
Enter a name for the first client:
Name [client]:
```

Bestätigen und starten Sie die OpenVPN-Installation:

```
OpenVPN installation is ready to begin.
Do you want to continue? [Y/n]
```

▼ Wenn der Download nicht funktioniert, befolgen Sie die nachstehenden Schritte.

Sie können zum Herunterladen auch „curl" verwenden:

```
curl -fL -o openvpn.sh https://get.vpnsetup.net/ovpn
```

Befolgen Sie dann zur Installation die obigen Anweisungen.

Alternative Download-URLs:

```
https://github.com/hwdsl2/openvpn-install/raw/master/openvpn-
install.sh
https://gitlab.com/hwdsl2/openvpn-install/-/raw/master/openvpn-
install.sh
```

▼ Erweitert: Automatische Installation mit benutzerdefinierten Optionen.

Fortgeschrittene Benutzer können OpenVPN automatisch mit benutzerdefinierten Optionen installieren, indem sie beim Ausführen des Skripts Befehlszeilenoptionen angeben. Weitere Informationen erhalten Sie, indem Sie Folgendes ausführen:

```
sudo bash openvpn.sh -h
```

Alternativ können Sie ein Bash-Dokument „Here Document" als Eingabe für das Setup-Skript bereitstellen. Diese Methode kann auch verwendet werden, um Eingaben für die Benutzerverwaltung nach der Installation bereitzustellen.

Installieren Sie OpenVPN zunächst interaktiv mit benutzerdefinierten Optionen und notieren Sie alle Ihre Eingaben für das Skript.

```
sudo bash openvpn.sh
```

Wenn Sie OpenVPN entfernen müssen, führen Sie das Skript erneut aus und wählen Sie die entsprechende Option.

Erstellen Sie als Nächstes den benutzerdefinierten Installationsbefehl mit Ihren Eingaben. Beispiel:

```
sudo bash openvpn.sh <<ANSWERS
n
1
1194
2
client
y
ANSWERS
```

Hinweis: Die Installationsoptionen können sich in zukünftigen Versionen des Skripts ändern.

13.3 Nächste Schritte

Nach der Einrichtung können Sie das Skript erneut ausführen, um Benutzer zu verwalten oder OpenVPN zu deinstallieren.

Lassen Sie Ihren Computer oder Ihr Gerät das VPN verwenden. Siehe:

14 OpenVPN-Clients konfigurieren

Genießen Sie Ihr ganz persönliches VPN!

14 OpenVPN-Clients konfigurieren

OpenVPN-Clients (https://openvpn.net/vpn-client/) sind für Windows, macOS, iOS und Android verfügbar. macOS-Benutzer können auch Tunnelblick (https://tunnelblick.net) verwenden.

Um eine VPN-Verbindung hinzuzufügen, übertragen Sie zunächst die generierte „.ovpn'-Datei sicher auf Ihr Gerät, öffnen Sie dann die OpenVPN-App und importieren Sie das VPN-Profil.

Um OpenVPN-Clients zu verwalten, führen Sie das Installationsskript erneut aus: ‚sudo bash openvpn.sh'. Weitere Einzelheiten finden Sie in Kapitel 15.

- Plattformen
  - Windows
  - macOS
  - Android
  - iOS (iPhone/iPad)

OpenVPN-Clients: https://openvpn.net/vpn-client/

14.1 Windows

1. Übertragen Sie die generierte „.ovpn'-Datei sicher auf Ihren Computer.
2. Installieren und starten Sie den VPN-Client **OpenVPN Connect**.
3. Klicken Sie auf dem Bildschirm **Get connected** auf die Registerkarte **Upload file**.
4. Ziehen Sie die „.ovpn'-Datei per Drag & Drop in das Fenster oder navigieren Sie zu der „.ovpn'-Datei, wählen Sie sie aus und klicken Sie dann auf **Öffnen**.
5. Klicken Sie auf **Connect**.

14.2 macOS

1. Übertragen Sie die generierte „.ovpn'-Datei sicher auf Ihren Computer.
2. Installieren und starten Sie Tunnelblick (https://tunnelblick.net).

3. Klicken Sie auf dem Willkommensbildschirm auf **Ich habe Konfigurationsdateien**.
4. Klicken Sie auf dem Bildschirm **Konfiguration hinzufügen** auf **OK**.
5. Klicken Sie in der Menüleiste auf das Tunnelblick-Symbol und wählen Sie dann **VPN-Details**.
6. Ziehen Sie die „.ovpn‘-Datei per Drag & Drop in das Fenster **Konfigurationen** (linker Bereich).
7. Folgen Sie den Anweisungen auf dem Bildschirm, um das OpenVPN-Profil zu installieren.
8. Klicken Sie auf **Verbinden**.

14.3 Android

1. Übertragen Sie die generierte „.ovpn‘-Datei sicher auf Ihr Android-Gerät.
2. Installieren und starten Sie **OpenVPN Connect** von **Google Play**.
3. Tippen Sie auf dem Bildschirm **Get connected** auf die Registerkarte **Upload file**.
4. Tippen Sie auf **Browse**, navigieren Sie dann zu der „.ovpn‘-Datei und wählen Sie sie aus.
   Hinweis: Um die „.ovpn‘-Datei zu finden, tippen Sie auf die dreizeilige Menüschaltfläche und navigieren Sie dann zu dem Speicherort, an dem Sie die Datei gespeichert haben.
5. Tippen Sie auf dem Bildschirm **Imported Profile** auf **Connect**.

14.4 iOS (iPhone/iPad)

Installieren und starten Sie zuerst **OpenVPN Connect** vom **App Store**. Übertragen Sie dann die generierte „.ovpn‘-Datei sicher auf Ihr iOS-Gerät. Zum Übertragen der Datei können Sie Folgendes verwenden:

1. Die Datei per AirDrop übertragen und mit OpenVPN öffnen oder
2. Laden Sie es mithilfe der Dateifreigabe (https://support.apple.com/de-de/119585) auf Ihr Gerät hoch (OpenVPN-App-Ordner), starten Sie dann die OpenVPN-Connect-App und tippen Sie auf die Registerkarte **File**.

Wenn Sie fertig sind, tippen Sie auf **Add**, um das VPN-Profil zu importieren, und dann auf **Connect**.

Um die Einstellungen für die OpenVPN Connect App anzupassen, tippen Sie auf die dreizeilige Menüschaltfläche und dann auf **Settings**.

15 OpenVPN: VPN-Clients verwalten

Nachdem Sie OpenVPN auf Ihrem Server eingerichtet haben, können Sie OpenVPN-Clients verwalten, indem Sie den Anweisungen in diesem Kapitel folgen. Sie können beispielsweise neue VPN-Clients auf dem Server für Ihre zusätzlichen Computer und Mobilgeräte hinzufügen, vorhandene Clients auflisten oder die Konfiguration für einen vorhandenen Client exportieren.

Um OpenVPN-Clients zu verwalten, stellen Sie zunächst eine Verbindung zu Ihrem Server her über SSH und führen Sie dann Folgendes aus:

```
sudo bash openvpn.sh
```

Sie sehen die folgenden Optionen:

```
OpenVPN is already installed.

Select an option:
  1) Add a new client
  2) Export config for an existing client
  3) List existing clients
  4) Revoke an existing client
  5) Remove OpenVPN
  6) Exit
```

Sie können dann die gewünschte Option eingeben, um OpenVPN-Client(s) hinzuzufügen, zu exportieren, aufzulisten oder zu widerrufen.

Hinweis: Diese Optionen können sich in neueren Versionen des Skripts ändern. Lesen Sie sie sorgfältig durch, bevor Sie die gewünschte Option auswählen.

Alternativ können Sie ‚openvpn.sh' mit Befehlszeilenoptionen ausführen. Einzelheiten finden Sie unten.

15.1 Neuen Client hinzufügen

So fügen Sie einen neuen OpenVPN-Client hinzu:

141

1. Wählen Sie Option 1 aus dem Menü, indem Sie 1 eingeben und die Eingabetaste drücken.
2. Geben Sie einen Namen für den neuen Client ein.

Alternativ können Sie ‚openvpn.sh‘ mit der Option ‚--addclient‘ ausführen. Verwenden Sie die Option ‚-h‘, um die Nutzung anzuzeigen.

```
sudo bash openvpn.sh --addclient [Client-Name]
```

Nächste Schritte: OpenVPN-Clients konfigurieren. Weitere Einzelheiten finden Sie in Kapitel 14.

15.2 Vorhandenen Client exportieren

So exportieren Sie die OpenVPN-Konfiguration für einen vorhandenen Client:

1. Wählen Sie Option 2 aus dem Menü, indem Sie 2 eingeben und die Eingabetaste drücken.
2. Wählen Sie aus der Liste der vorhandenen Clients den Client aus, den Sie exportieren möchten.

Alternativ können Sie ‚openvpn.sh‘ mit der Option ‚--exportclient‘ ausführen.

```
sudo bash openvpn.sh --exportclient [Client-Name]
```

15.3 Vorhandene Clients auflisten

Wählen Sie Option 3 aus dem Menü, indem Sie 3 eingeben und die Eingabetaste drücken. Das Skript zeigt dann eine Liste der vorhandenen OpenVPN-Clients an.

Alternativ können Sie ‚openvpn.sh‘ mit der Option ‚--listclients‘ ausführen.

```
sudo bash openvpn.sh --listclients
```

15.4 Einen Client widerrufen

Unter bestimmten Umständen müssen Sie möglicherweise ein zuvor generiertes OpenVPN-Client-Zertifikat widerrufen.

1. Wählen Sie Option 4 aus dem Menü, indem Sie 4 eingeben und die Eingabetaste drücken.
2. Wählen Sie aus der Liste der vorhandenen Clients den Client aus, den Sie widerrufen möchten.
3. Bestätigen Sie den Client-Widerruf.

Alternativ können Sie ‚openvpn.sh‘ mit der Option ‚--revokeclient‘ ausführen.

```
sudo bash openvpn.sh --revokeclient [Client-Name]
```

16 Erstellen Sie Ihren eigenen WireGuard-VPN-Server

Sehen Sie sich dieses Projekt im Web an:
https://github.com/hwdsl2/wireguard-install

Verwenden Sie dieses WireGuard VPN-Server-Installationsskript, um Ihren eigenen VPN-Server in nur wenigen Minuten einzurichten, selbst wenn Sie WireGuard noch nie verwendet haben. WireGuard ist ein schnelles und modernes VPN, das mit den Zielen Benutzerfreundlichkeit und hohe Leistung entwickelt wurde.

Dieses Skript unterstützt Ubuntu, Debian, AlmaLinux, Rocky Linux, CentOS, Fedora, openSUSE und Raspberry Pi OS.

16.1 Merkmale

- Vollständig automatisierte Einrichtung des WireGuard-VPN-Servers, keine Benutzereingabe erforderlich
- Unterstützt die interaktive Installation mit benutzerdefinierten Optionen
- Generiert VPN-Profile zur automatischen Konfiguration von Windows-, macOS-, iOS- und Android-Geräten
- Unterstützt die Verwaltung von WireGuard VPN-Benutzern
- Optimiert „sysctl"-Einstellungen für eine verbesserte VPN-Leistung

16.2 Installation

Laden Sie zunächst das Skript auf Ihren Linux-Server herunter*:

```
wget -O wireguard.sh https://get.vpnsetup.net/wg
```

* Ein Cloud-Server, ein virtueller privater Server (VPS) oder ein dedizierter Server.

Option 1: Automatische Installation von WireGuard mit Standardoptionen.

```
sudo bash wireguard.sh --auto
```

144

Öffnen Sie für Server mit einer externen Firewall (z. B. EC2/GCE) den UDP-Port 51820 für das VPN.

Beispielausgabe:

```
$ sudo bash wireguard.sh --auto

WireGuard Script
https://github.com/hwdsl2/wireguard-install

Starting WireGuard setup using default options.

Server IP: 192.0.2.1
Port: UDP/51820
Client name: client
Client DNS: Google Public DNS

Installing WireGuard, please wait...
+ apt-get -yqq update
+ apt-get -yqq install wireguard qrencode
+ systemctl enable --now wg-iptables.service
+ systemctl enable --now wg-quick@wg0.service


 ----------------------------------

| QR-Code zur Client-Konfiguration |
 ----------------------------------

↑ That is a QR code containing the client configuration.


Finished!

The client configuration is available in: /root/client.conf
New clients can be added by running this script again.
```

Nach der Einrichtung können Sie das Skript erneut ausführen, um Benutzer zu verwalten oder WireGuard zu deinstallieren.

Nächste Schritte: Lassen Sie Ihren Computer oder Ihr Gerät das VPN verwenden. Siehe:

17 WireGuard-VPN-Clients konfigurieren

Genießen Sie Ihr ganz persönliches VPN!

Option 2: Interaktive Installation mit benutzerdefinierten Optionen.

```
sudo bash wireguard.sh
```

Sie können die folgenden Optionen anpassen: DNS-Name des VPN-Servers, UDP-Port, DNS-Server für VPN-Clients und Name des ersten Clients.

Öffnen Sie bei Servern mit externer Firewall den von Ihnen ausgewählten UDP-Port für das VPN.

Beispielschritte (durch Ihre eigenen Werte ersetzen):

Hinweis: Diese Optionen können sich in neueren Versionen des Skripts ändern. Lesen Sie sie sorgfältig durch, bevor Sie die gewünschte Option auswählen.

```
$ sudo bash wireguard.sh

Welcome to this WireGuard server installer!
GitHub: https://github.com/hwdsl2/wireguard-install


I need to ask you a few questions before starting setup. You can
use the default options and just press enter if you are OK with
them.
```

Geben Sie den DNS-Namen des VPN-Servers ein:

```
Do you want WireGuard VPN clients to connect to this server using
a DNS name, e.g. vpn.example.com, instead of its IP address? [y/N]
y

Enter the DNS name of this VPN server: vpn.example.com
```

Wählen Sie einen UDP-Port für WireGuard:

```
Which port should WireGuard listen to?
Port [51820]:
```

Geben Sie einen Namen für den ersten Client ein:

```
Enter a name for the first client:
Name [client]:
```

DNS-Server auswählen:

```
Select a DNS server for the client:
    1) Current system resolvers
    2) Google Public DNS
    3) Cloudflare DNS
    4) OpenDNS
    5) Quad9
    6) AdGuard DNS
    7) Custom
DNS server [2]:
```

Bestätigen und starten Sie die WireGuard-Installation:

```
WireGuard installation is ready to begin.
Do you want to continue? [Y/n]
```

▼ Wenn der Download nicht funktioniert, befolgen Sie die nachstehenden Schritte.

Sie können zum Herunterladen auch „curl" verwenden:

```
curl -fL -o wireguard.sh https://get.vpnsetup.net/wg
```

Befolgen Sie dann zur Installation die obigen Anweisungen.

Alternative Download-URLs:

```
https://github.com/hwdsl2/wireguard-install/raw/master/wireguard-
install.sh
https://gitlab.com/hwdsl2/wireguard-
install/-/raw/master/wireguard-install.sh
```

▼ Erweitert: Automatische Installation mit benutzerdefinierten Optionen.

Fortgeschrittene Benutzer können WireGuard automatisch mit benutzerdefinierten Optionen installieren, indem sie beim Ausführen des Skripts Befehlszeilenoptionen angeben. Weitere Informationen erhalten Sie, indem Sie Folgendes ausführen:

```
sudo bash wireguard.sh -h
```

Alternativ können Sie ein Bash-Dokument „Here Document" als Eingabe für das Setup-Skript bereitstellen. Diese Methode kann auch verwendet werden, um Eingaben für die Benutzerverwaltung nach der Installation bereitzustellen.

Installieren Sie WireGuard zunächst interaktiv mit benutzerdefinierten Optionen und notieren Sie alle Ihre Eingaben für das Skript.

```
sudo bash wireguard.sh
```

Wenn Sie WireGuard entfernen müssen, führen Sie das Skript erneut aus und wählen Sie die entsprechende Option.

Erstellen Sie als Nächstes den benutzerdefinierten Installationsbefehl mit Ihren Eingaben. Beispiel:

```
sudo bash wireguard.sh <<ANSWERS
n
51820
client
2
y
ANSWERS
```

Hinweis: Die Installationsoptionen können sich in zukünftigen Versionen des Skripts ändern.

16.3 Nächste Schritte

Nach der Einrichtung können Sie das Skript erneut ausführen, um Benutzer zu verwalten oder WireGuard zu deinstallieren.

Lassen Sie Ihren Computer oder Ihr Gerät das VPN verwenden. Siehe:

17 WireGuard-VPN-Clients konfigurieren

Genießen Sie Ihr ganz persönliches VPN!

17 WireGuard-VPN-Clients konfigurieren

WireGuard-VPN-Clients sind für Windows, macOS, iOS und Android verfügbar:
https://www.wireguard.com/install/

Um eine VPN-Verbindung hinzuzufügen, öffnen Sie die WireGuard-App auf Ihrem Mobilgerät, tippen Sie auf die Schaltfläche „Hinzufügen" und scannen Sie dann den generierten QR-Code in der Skriptausgabe.

Übertragen Sie unter Windows und macOS zunächst die generierte „.conf'-Datei sicher auf Ihren Computer, öffnen Sie dann WireGuard und importieren Sie die Datei.

Um WireGuard-VPN-Clients zu verwalten, führen Sie das Installationsskript erneut aus: ‚sudo bash wireguard.sh'. Weitere Einzelheiten finden Sie in Kapitel 18.

- Plattformen
  - Windows
  - macOS
  - Android
  - iOS (iPhone/iPad)

WireGuard-VPN-Clients:
https://www.wireguard.com/install/

17.1 Windows

1. Übertragen Sie die generierte „.conf'-Datei sicher auf Ihren Computer.
2. Installieren und starten Sie den **WireGuard** VPN-Client.
3. Klicken Sie auf **Importiere Tunnel aus Datei**.
4. Navigieren Sie zur „.conf'-Datei, wählen Sie sie aus und klicken Sie dann auf **Öffnen**.
5. Klicken Sie auf **Aktivieren**.

17.2 macOS

1. Übertragen Sie die generierte „.conf"-Datei sicher auf Ihren Computer.
2. Installieren und starten Sie die **WireGuard**-App aus dem **App Store**.
3. Klicken Sie auf **Tunnel aus Datei importieren**.
4. Navigieren Sie zur „.conf"-Datei, wählen Sie sie aus und klicken Sie dann auf **Importieren**.
5. Klicken Sie auf **Aktiviere**.

17.3 Android

1. Installieren und starten Sie die **WireGuard**-App aus **Google Play**.
2. Tippen Sie auf die Schaltfläche „+" und dann auf **Von QR-Code scannen**.
3. Scannen Sie den generierten QR-Code in der Ausgabe des VPN-Skripts.
4. Geben Sie als **Tunnelnamen** einen beliebigen Namen ein.
5. Tippen Sie auf **Tunnel erstellen**.
6. Schieben Sie den Schalter für das neue VPN-Profil auf EIN.

17.4 iOS (iPhone/iPad)

1. Installieren und starten Sie die **WireGuard**-App aus **App Store**.
2. Tippen Sie auf **Tunnel hinzufügen** und dann auf **Aus QR-Code erstellen**.
3. Scannen Sie den generierten QR-Code in der Ausgabe des VPN-Skripts.
4. Geben Sie als Tunnelnamen einen beliebigen Namen ein.
5. Tippen Sie auf **Speichern**.
6. Schieben Sie den Schalter für das neue VPN-Profil auf EIN.

18 WireGuard: VPN-Clients verwalten

Nachdem Sie WireGuard auf Ihrem Server eingerichtet haben, können Sie WireGuard-VPN-Clients verwalten, indem Sie den Anweisungen in diesem Kapitel folgen. Sie können beispielsweise neue VPN-Clients auf dem Server für Ihre zusätzlichen Computer und Mobilgeräte hinzufügen, vorhandene Clients auflisten oder einen vorhandenen Client entfernen.

Um WireGuard-VPN-Clients zu verwalten, stellen Sie zunächst eine Verbindung zu Ihrem Server her über SSH und führen Sie dann Folgendes aus:

```
sudo bash wireguard.sh
```

Sie sehen die folgenden Optionen:

```
WireGuard is already installed.

Select an option:
 1) Add a new client
 2) List existing clients
 3) Remove an existing client
 4) Show QR code for a client
 5) Remove WireGuard
 6) Exit
```

Sie können dann die gewünschte Option eingeben, um WireGuard-VPN-Client(s) hinzuzufügen, aufzulisten oder zu entfernen.

Hinweis: Diese Optionen können sich in neueren Versionen des Skripts ändern. Lesen Sie sie sorgfältig durch, bevor Sie die gewünschte Option auswählen.

Alternativ können Sie ‚wireguard.sh' mit Befehlszeilenoptionen ausführen. Einzelheiten finden Sie unten.

18.1 Neuen Client hinzufügen

So fügen Sie einen neuen WireGuard-VPN-Client hinzu:

1. Wählen Sie Option 1 aus dem Menü, indem Sie 1 eingeben und die Eingabetaste drücken.
2. Geben Sie einen Namen für den neuen Client ein.
3. Wählen Sie einen DNS-Server für den neuen Client aus, der während der Verbindung mit dem VPN verwendet wird.

Alternativ können Sie ‚wireguard.sh‘ mit der Option ‚--addclient‘ ausführen. Verwenden Sie die Option ‚-h‘, um die Nutzung anzuzeigen.

```
sudo bash wireguard.sh --addclient [Client-Name]
```

Nächste Schritte: WireGuard-VPN-Clients konfigurieren. Weitere Einzelheiten finden Sie in Kapitel 17.

18.2 Vorhandene Clients auflisten

Wählen Sie Option 2 aus dem Menü, indem Sie 2 eingeben und die Eingabetaste drücken. Das Skript zeigt dann eine Liste der vorhandenen WireGuard-VPN-Clients an.

Alternativ können Sie ‚wireguard.sh‘ mit der Option ‚--listclients‘ ausführen.

```
sudo bash wireguard.sh --listclients
```

18.3 Einen Client entfernen

So entfernen Sie einen vorhandenen WireGuard-VPN-Client:

1. Wählen Sie Option 3 aus dem Menü, indem Sie 3 eingeben und die Eingabetaste drücken.
2. Wählen Sie aus der Liste der vorhandenen Clients den Client aus, den Sie entfernen möchten.
3. Bestätigen Sie die Entfernung des Clients.

Alternativ können Sie ‚wireguard.sh‘ mit der Option ‚--removeclient‘ ausführen.

```
sudo bash wireguard.sh --removeclient [Client-Name]
```

18.4 QR-Code für einen Client anzeigen

So zeigen Sie den QR-Code für einen vorhandenen Client an:

1. Wählen Sie Option 4 aus dem Menü, indem Sie 4 eingeben und die Eingabetaste drücken.
2. Wählen Sie aus der Liste der vorhandenen Clients den Client aus, für den Sie den QR-Code anzeigen möchten.

Alternativ können Sie ‚wireguard.sh' mit der Option ‚--showclientqr' ausführen.

```
sudo bash wireguard.sh --showclientqr [Client-Name]
```

Sie können QR-Codes verwenden, um WireGuard-VPN-Clients für Android und iOS zu konfigurieren. Weitere Einzelheiten finden Sie in Kapitel 17.

Über den Autor

Lin Song, PhD, ist Software-Ingenieur und Open-Source-Entwickler. Er erstellt und pflegt seit 2014 die Projekte „Setup IPsec VPN" auf GitHub, mit denen Sie in nur wenigen Minuten Ihren eigenen VPN-Server erstellen können. Die Projekte haben über 20.000 GitHub-Sterne und über 30 Millionen Docker-Pulls und haben Millionen von Benutzern dabei geholfen, ihre eigenen VPN-Server einzurichten.

Verbinden Sie sich mit Lin Song
GitHub: https://github.com/hwdsl2
LinkedIn: https://www.linkedin.com/in/linsongui

Danke fürs Lesen! Ich hoffe, Sie ziehen das Beste aus der Lektüre dieses Buches. Wenn dieses Buch für Sie hilfreich war, wäre ich sehr dankbar, wenn Sie eine Bewertung hinterlassen oder eine kurze Rezension schreiben würden.

Danke
Lin Song
Autor